建筑安装工程施工工长口袋书

架 子 工 长

侯君伟 主编

中国建筑工业出版社

图书在版编目（CIP）数据

架子工长/侯君伟主编．—北京：中国建筑工业出版社，2008
（建筑安装工程施工工长口袋书）
ISBN 978-7-112-09963-4

Ⅰ．架… Ⅱ．侯… Ⅲ．脚手架-工程施工-基本知识 Ⅳ．TU731.2

中国版本图书馆CIP数据核字（2008）第103153号

建筑安装工程施工工长口袋书
架 子 工 长
侯君伟　主编

*

中国建筑工业出版社出版、发行（北京西郊百万庄）
各地新华书店、建筑书店经销
霸州市顺浩图文科技发展有限公司制版
北京市彩桥印刷有限责任公司印刷

*

开本：787×960毫米　1/32　印张：7⅜　字数：180千字
2008年9月第一版　　2008年9月第一次印刷
印数：1—3000册　　定价：**18.00**元
ISBN 978-7-112-09963-4
（16766）

版权所有　翻印必究
如有印装质量问题，可寄本社退换
（邮政编码100037）

本书是建筑安装工程施工工长口袋书9个分册中的1本。本分册主要介绍的是架子工长应掌握的技术知识与必备的资料。内容包括施工管理，脚手架分类、组成及设置要求，脚手架施工，安全技术要求及有关安全生产法规制度，工料定额。

本分册适合从事建筑安装工程施工的工长、技术人员使用，也可供相关专业人员和建筑工人阅读、参考。

* * *

责任编辑：武晓涛
责任设计：赵明霞
责任校对：安　东　陈晶晶

建筑安装工程施工工长口袋书

《架子工长》编写组

组织编写单位：北京建工集团培训中心

主　　编：侯君伟

参编人员（按姓氏笔画）：

　　　　　王金富　王玲莉　孙　强

　　　　　陆　岑　陈长华　钟为德

前 言

　　本套系列图书是应广大建筑安装施工现场技术人员之需而编。共分9册,分别是模板工长、钢筋工长、混凝土工长、架子工长、装饰工长、防水工长、砌筑工长、水暖工长、电气工长,这9个分册基本涵盖了建筑安装施工现场主要的技术工种,均由北京建工集团培训中心组织编写。之所以叫口袋书,除了在装帧形式上采用如此小的开本方便技术人员们在现场携带外,在内容的选取上也是力求简练实用,多数为现场人员必须掌握的技术知识和必备资料。编者希望这样的编写方式能为现场人员的工作带来真切的帮助。

　　本套系列图书在编写过程中参考了大量的有关参考文献,得到了许多同志的帮助,在此虽未一一列出,编者却由衷地表示感谢。限于编者的水平,书中若有不当或错误之处,热忱盼望广大读者指正,编者将不胜感激。

目 录

1 施工管理 … 1
1.1 施工计划管理 … 1
  1.1.1 施工作业计划 … 1
  1.1.2 开工、竣工和施工顺序 … 3
1.2 施工技术管理 … 5
  1.2.1 施工技术管理的主要工作 … 5
  1.2.2 施工组织设计 … 5
  1.2.3 技术交底 … 9
  1.2.4 材料检验管理和工程档案工作 … 12
1.3 安全管理 … 15
  1.3.1 安全技术责任制 … 15
  1.3.2 安全技术措施计划 … 15
  1.3.3 安全生产教育 … 16
  1.3.4 安全生产检查 … 16
  1.3.5 伤亡事故调查和处理 … 17
1.4 施工工长的主要工作 … 17
  1.4.1 技术准备工作 … 17
  1.4.2 班组操作前准备工作 … 19
  1.4.3 调查研究班组人员及工序情况 … 20
  1.4.4 向工人交底 … 20
  1.4.5 施工任务的下达、检查和验收 … 22
  1.4.6 做好施工日志工作 … 23

2 脚手架分类、组成及设置要求 … 24
2.1 脚手架分类和组成 … 24
  2.1.1 落地式脚手架 … 24

2.1.2 不落地式脚手架 ………………………………… 33
2.2 适用范围和设置要求 …………………………………… 45
2.2.1 脚手架组成及适用范围 …………………………… 45
2.2.2 设置要求 ………………………………………… 47

3 脚手架施工
3.1 落地式脚手架施工 ……………………………………… 63
3.1.1 扣件式钢管脚手架施工 …………………………… 63
3.1.2 碗扣式钢管脚手架施工 …………………………… 73
3.1.3 门式钢管脚手架施工 ……………………………… 87
3.1.4 落地式脚手架质量要求和检验方法 ……………… 93
3.2 不落地脚手架施工 ……………………………………… 98
3.2.1 挑架施工 ………………………………………… 98
3.2.2 挂架施工 ………………………………………… 100
3.2.3 吊篮施工 ………………………………………… 101
3.2.4 爬架施工 ………………………………………… 103
3.3 模板支撑架施工 ………………………………………… 113
3.3.1 扣件式钢管支撑架施工 …………………………… 113
3.3.2 碗扣式钢管支撑架施工 …………………………… 117
3.3.3 门架式支撑架施工 ………………………………… 120

4 安全技术要求及有关安全生产法规制度 ……… 126
4.1 基本安全要求 …………………………………………… 126
4.2 脚手架材质要求 ………………………………………… 127
4.3 脚手架搭设 ……………………………………………… 130
4.3.1 一般要求 ………………………………………… 130
4.3.2 扣件式钢管脚手架搭设 …………………………… 131
4.3.3 门式钢管脚手架搭设 ……………………………… 134
4.3.4 木脚手架搭设 ……………………………………… 134
4.3.5 单排脚手架搭设 …………………………………… 135
4.3.6 里脚手架搭设 ……………………………………… 136
4.3.7 附着升降脚手架搭设 ……………………………… 136
4.3.8 吊篮脚手架搭设 …………………………………… 138

  4.3.9 其他脚手架搭设 …………………………… 140
 4.4 安全网架设 ……………………………………… 141
 4.5 坡道搭设 ………………………………………… 146
 4.6 脚手架拆除 ……………………………………… 146
 4.7 有关安全生产法规、制度（摘选） ……………… 147
  4.7.1 建设工程施工现场安全防护标准 …………… 147
  4.7.2 劳动防护用品使用规定 ……………………… 165
  4.7.3 安全检查和验收制度 ………………………… 176
  4.7.4 伤亡事故处理 ………………………………… 205

5 工料定额 …………………………………………… 212
 5.1 说明 ……………………………………………… 212
 5.2 脚手架 …………………………………………… 213
  5.2.1 外脚手架 ……………………………………… 213
  5.2.2 里脚手架 ……………………………………… 215
  5.2.3 满堂红脚手架 ………………………………… 215
  5.2.4 悬空脚手架、挑脚手架、防护架 …………… 217
  5.2.5 烟囱（水塔）脚手架 ………………………… 218
 5.3 依附斜道 ………………………………………… 220
 5.4 安全网 …………………………………………… 222
 5.5 电梯井字架 ……………………………………… 223
 5.6 架空运输道 ……………………………………… 224

参考文献 ……………………………………………… 225

1 施工管理

1.1 施工计划管理

1.1.1 施工作业计划

(1) 计划的分类、作用和主要内容

见表 1-1-1。

施工作业计划的分类、作用、内容 表 1-1-1

类别	中长期计划	年度计划	季度计划	月计划
作用	指明发展方向、经营方针和经营目标	贯彻经营方针,实现经营目标,指导全年施工生产经营活动	贯彻、落实年度计划、控制月计划	指导日常施工生产经营活动,是年、季计划的具体化
内容	(1)经营基本方针 (2)经营目标 (3)市场开拓规划 (4)技术开发规划 (5)人员与装备规划	(1)综合经济效益计划 (2)承包工程计划 (3)施工计划 (4)劳动、工资计划 (5)材料供应计划	(1)综合经济效益计划 (2)施工计划 (3)劳动生产率及职工人数计划 (4)物资采购运输和供应计划 (5)机械设备能力平衡计划	(1)基本指标汇总表 (2)施工进度计划 (3)劳动力需要量计划 (4)材料、半成品需要计划 (5)机械设备使用计划

续表

类别	中长期计划	年度计划	季度计划	月计划
内容	(6)基地建设规划 (7)多种经营规划 (8)企业体制改革和管理手段现代化规划	(6)机械设备配置计划 (7)技术组织措施计划 (8)成本计划 (9)财务计划 (10)附属辅助生产计划 (11)本身基建和企业改造计划 (12)职工培训计划	(6)技术组织措施计划 (7)成本计划 (8)财务收支计划 (9)附属辅助生产计划	(6)提高劳动生产率降低成本措施计划 (7)工业产品生产计划 (8)财务收支计划 (9)经营业务活动计划

(2) 编制前准备工作、编制基本依据和编制程序见表1-1-2。

编制前准备工作、基本依据和程序

表 1-1-2

项目	说　　明
编制计划前准备工作	(1)编好单位工程预算,进行工料分析,提出降低成本措施。 (2)根据总进度、总平面等的要求确定施工进度和平面布置。 (3)签订分包协议或劳务合同。 (4)主要材料设备和施工机具的准备。 (5)施工测量和抄平放线。 (6)劳动力的配备。 (7)施工技术培训和安全交底等

续表

项目		说　明
编制计划的	基本依据	（1）年、季计划，施工组织设计，施工图纸，有关技术资料和上级文件，施工合同等。 （2）上一计划期的工程实际完成情况，新开工程的施工准备工作情况。 （3）计划期内的物资、加工半成品、机械设备的落实情况。 （4）实际可能达到的劳动效率、机械的台班产量，材料消耗定额等
| 编制计划 | 的程序 | ```
熟悉图纸，了解施工      施工预算
工艺，确定施工顺序
            ↓          ↓
           施工进度计划
    ↓        ↓        ↓        ↓
 劳动力计划 机械计划 材料计划 加工品计划
              ↓
           综合平衡落实
              ↓
            修订计划
              ↓
            下达计划
``` |

1.1.2 开工、竣工和施工顺序

（1）施工顺序

施工顺序是指一个建设项目（包括生产、生活、主体、配套、庭园、绿化、道路以及各种管道等）或单位工程，在施工过程中应遵循的合理的施工顺序。对于一个工程的全部项目来讲，应该是：

1）首先搞好基础设施，包括红线外的给水、排水、电、电信、燃气热力、交通道路等，后红线内。
```

2) 红线内工程,先全场性的,包括场地平整、道路、管线等;后单项;先地下、后地上。

3) 全部工程在安排时要主体工程和配套工程(变电室、热力点、污水处理等)相适应,力争配套工程为施工服务,主体工程竣工时能投产使用。

(2) 开竣工应具备的条件

见表 1-1-3。

开工和竣工条件　　表 1-1-3

项目	说　　　明
开工条件	(1)有完整的施工图纸或按施工组织设计规定分段所必须具备的施工图纸。 (2)有规划部门签发的施工许可证。 (3)财务和材料渠道已经落实,并能按工程进度需要拨料和拨款。 (4)已签订施工协议或有根据设计预算签订的施工合同。 (5)施工组织设计已经批准。 (6)加工订货和设备已基本落实。 (7)有施工预算。 (8)已基本完成施工准备工作,现场达到"三通一平"(即水通、电通、路通,现场平整)
竣工条件	(1)全部完成经批准的设计所规定的施工项目。 (2)工业项目要达到试运转或投产;民用工程要达到使用要求。 (3)主要的附属配套工程,如变电室、锅炉房或热力点、给水排水、燃气、电信等已能交付使用。 (4)建筑物周围按规定进行了平整和清理,做好园林绿化。 (5)工程质量经验收合格

1.2 施工技术管理

1.2.1 施工技术管理的主要工作
见图 1-2-1。

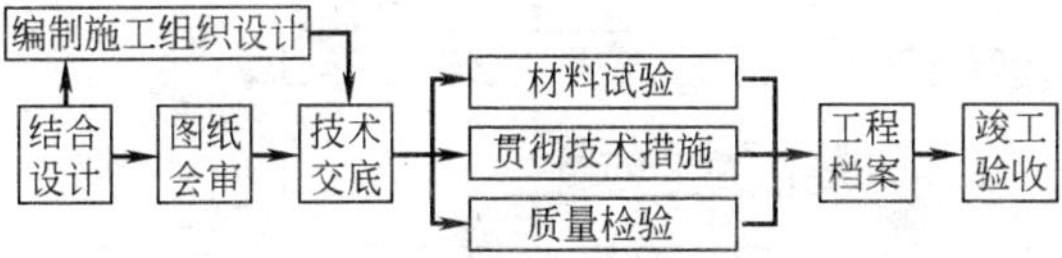

图 1-2-1 施工技术管理的主要工作

1.2.2 施工组织设计
（1）施工组织设计分类

见表 1-2-1。

施工组织设计分类　　　表 1-2-1

分类项目	说　　明
施工组织总设计	它是以整个建设项目或建筑群为对象，要对整个工程施工进行全盘考虑，全面规划、用以指导全场性的施工准备和有计划地运用施工力量开展施工活动，确定拟建工程的施工期限、施工顺序、施工的主要方法、重大技术措施、各种临时设施的需要量及施工现场的总平面布置，并提出各种技术物资的需要量，为施工准备创造条件
施工组织设计（或施工设计）	它是以单项工程或单位工程为对象，用以直接指导单位工程或单项工程的施工，在施工组织总设计的指导下，具体安排人力、物力和建筑安装工作，是制定施工计划和作业计划的依据
分部（项）工程施工设计	是指重要或是新的分项工程或专业施工的分项设计。如基础、结构、装修分部、深基坑挡土支护、钢结构安装和冬雨期施工，以及新工艺、新技术等特殊的施工方法

(2) 施工组织设计的主要内容和编制程序见图 1-2-2。

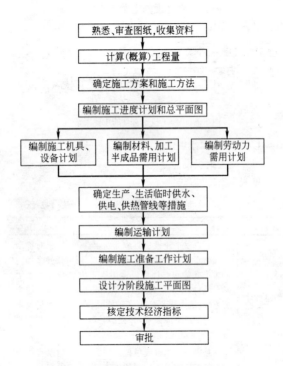

图 1-2-2 施工组织设计的主要内容和编制程序

(3) 编制施工组织总设计的条件及主要技术经济指标

编制施工组织总设计所需的自然技术经济条件参考资料及主要技术经济指标见表 1-2-2。

编制施工组织总设计的参考资料及主要技术经济指标

表 1-2-2

类别	名称	内容说明
自然条件资料、地形资料	建设地区地形图	比例尺一般不小于1:2000,等高线差为5~10m,图上应注明居住区、工业区、自来水厂、车站、码头、交通道路和供电网路等位置
	工程位置地形图	比例尺一般为1:2000或1:1000,等高线差为0.5~1.0m,应注明控制水准点、控制桩和100~200m方格坐标网
工程地质资料	建设地区钻孔布置图、工程地质剖面图、地区土层物理力学性质资料、土层试验报告、地震试验	表明地下有无古墓、洞穴、枯井及地下构筑物等,满足确定土方和基础施工方法的要求
水文资料	地下水资料	表明地下水位及其变化范围、地下水的流向、流速和流量、水质分析等
	地面水资料	临近的江河湖泊及距离、洪水、平水及枯水期的水位、流量和航道深度、水质分析等
气象资料	气温资料	年平均、最高、最低温度,最热最冷月的逐月平均温度,冬、夏季室外计算温度,不高于-3℃、0℃、5℃的天数及起止时间等
	降雨资料	雨季起迄时间、全年降水量及日最大降水量
	风的资料	主导风向及频率、全年8级以上大风的天数及时间

续表

类别	名称	内容说明
技术经济资料	地方资源情况	当地有无可供生产建筑材料及建筑配件的资源，如石灰岩、石山、河沙、黏土、石膏及地方工业的副产品（粉煤灰、矿渣等）的蕴藏量、物理化学性能及有无开采价值
	建筑材料构件生产供应情况	(1)当地有无采料场、建筑材料和构配件生产企业，其分布情况及隶属关系、产品种类和规格、生产和供应能力、出厂价格、运输方式、运距、运费等。 (2)当地建筑材料市场情况
	交通运输情况	(1)铁路：邻近有无可供使用的铁路专用线、车站与工地的距离、装卸条件、装卸费及运费等。 (2)公路：通往工地的公路等级、宽度、允许最大载重量，桥涵的最大承载力和通过能力，当地可提供的运力和车辆修配能力。 (3)水运和空运的有关情况
	供水、供电情况	(1)从地区电力网取得电力的可能性、供应量、接线地点及使用条件等。 (2)水源及可供施工用水的可能性、供水量、连接地点、现有给水管径、埋深、水压等
	劳动力及生活设施情况	(1)当地可提供的劳动力及劳动力市场情况，可作为施工工人和服务人员的数量和文化技术水平。 (2)建设地区现有的可供施工人员用的职工宿舍、食堂、浴室、文化娱乐设施的数量、地点、面积、结构特征、交通和设备条件等

续表

类别	名称	内容说明
技术经济指标	施工工期	从工程正式开工到竣工所需要的时间
	劳动生产率	1. 产值指标 建安工人劳动生产率＝ $\dfrac{自行完成施工产值}{建安工人(包括徒工、民工)平均人数}$ （元/人） 2. 实物量指标 (1) 工人劳动生产率＝ $\dfrac{完成某工种工程量}{某工种平均人数}$（工程量/人） (2) 单位工程量用工＝ $\dfrac{全部劳动工日数}{竣工面积}$ （工日/单位工程量）
	劳动力不均衡系数 K	$K=\dfrac{施工期高峰人数}{施工期平均人数}$
	降低成本额和降低成本率	降低成本额＝预算成本－计划成本 降低成本率＝$\dfrac{降低成本额}{预算成本}\times 100\%$
	其他指标	1. 机械利用率＝ $\dfrac{某种机械平均每台班实际产量}{某种机械台班定额产量}\times 100\%$ 2. 临时工程投资比＝ $\dfrac{全部临时工程投资}{建安工程总值}$ 3. 机械化施工程度＝ $\dfrac{机械化施工完成工作量(实物量)}{总工作量(实物量)}$ $\times 100\%$

1.2.3 技术交底

在条件许可的情况下，施工单位最好能在扩大初步

9

设计阶段就参与制定工程的设计方案,实行建设单位、设计单位、施工单位"三结合"。这样,施工单位可以提前了解设计意图,反馈施工信息,使设计能适应施工单位的技术条件,设备和物资供应条件,确保设计质量,避免设计返工。

施工单位应根据设计图纸作施工准备,制定施工方案,进行技术交底。技术交底分工和内容见表 1-2-3。

技术交底分工和内容 表 1-2-3

交底部门	交底负责人	参加单位和人员	技术交底的主要内容
施工企业（公司）	总工程师	有关施工单位的行政、技术负责人、公司职能部门负责人	(1)由公司负责编制的施工组织设计。 (2)由公司决定的重点工程、大型工程或技术复杂工程的施工技术关键性问题。 (3)设计文件要点及设计变更洽商情况。 (4)总分包配合协作的要求、土建和安装交叉作业的要求。 (5)国家、建设单位及公司对该工程的工期、质量、成本、安全等要求。 (6)公司拟采取的技术组织措施
项目经理部	主任工程师（总工程师）	单位工程负责人、技术员、质量检查员、安全员、职能部门的有关人员、内部协作(或分包)人员	(1)由项目经理部编制的施工组织设计或施工方案。 (2)设计文件要点及设计变更、洽商情况。 (3)关键性的技术问题、新操作方法和有关技术规定。 (4)主要施工方法和施工程序安排。 (5)保证进度、质量、安全、节约的技术组织措施。 (6)材料结构的试验项目

续表

交底部门	交底负责人	参加单位和人员	技术交底的主要内容
基层施工单位	项目技术负责人或技术员	参与施工的各班组负责人及有关技术骨干工人	(1)落实有关工程的各项技术要求。 (2)提出施工图纸上必须注意的尺寸,如轴线、标高、预留孔洞、预埋件镶入构件的位置、规格、大小、数量等。 (3)所用各种材料的品种、规格、等级及质量要求。 (4)混凝土、砂浆、防水、保温、耐火、耐酸、防腐蚀材料等的配合比和技术要求。 (5)有关工程的详细施工方法、程序、工种之间、土建与各专业单位之间的交叉配合部位、工序搭接及安全操作要求。 (6)各项技术指标的要求,具体实施的各项技术措施。 (7)设计修改、变更的具体内容或应注意的关键部位。 (8)有关规范、规程和工程质量要求。 (9)结构吊装机械、设备的性能,构件重量,吊点位置,索具规格尺寸,,吊装顺序,节点焊接及支撑系统,以及注意事项。 (10)在特殊情况下,应知应会应注意的问题

1.2.4 材料检验管理和工程档案工作

材料检验管理和工程档案工作，见表1-2-4。

材料检验管理与工程档案工作　　表1-2-4

项目	类别	说　明
材料检验管理	有关结构、装饰、防水材料的检验管理	(1)用于施工的原材料、成品、半成品、设备等，必须由供应部门提出合格证明文件。对没有证明文件或虽有证明文件但技术领导或质量管理、试验部门认为有必要复验的材料，在使用前必须进行抽查、复验、证明合格后才能使用。 (2)钢材、水泥、砖、焊条等结构用的材料除应有出厂证明或检验单外，还要根据规范和设计要求进行检验。 (3)高低压电缆和高压绝缘材料，要进行耐压试验。 (4)混凝土、砂浆、防水材料的配合比，应先提出试配要求，经试验合格后才能使用。 混凝土试块要按现行《混凝土结构工程施工质量验收规范》GB 50204 的有关要求留置和检验。 (5)钢筋混凝土构件及预应力钢筋混凝土构件也应按上述规范进行抽样试验。 (6)必须对预制厂等工厂生产的成品、半成品进行严格检查，签发出厂合格证。不合格的不能出厂。 (7)新材料、新产品、新构件，要在对其做出技术鉴定，制定出质量标准及操作规程后，才能在工程上使用。 (8)在现场配制的建筑材料，如防水材料、防腐蚀材料、耐火材料、绝缘材料、保温材料、润滑材料等，均应按试验室确定的配合比和操作方法施工。 (9)加强对工业设备和施工机械的检查、试验和试运转工作。设备运到现场后，安装前必须按有关技术规范、规程进行检查验收，做好记录

续表

项目	类别	说明
工程档案	有关建筑物合理使用、维护、改建扩建的参考文件资料,工程竣工时提交建设单位保存	1. 施工执照,地质勘探资料。 2. 永久水准点的坐标位置,建筑物、构筑物及其基础深度等的测量记录。 3. 竣工部分一览表(竣工工程名称、位置、结构层次、面积或规格,附有的设备装置和工具等)。 4. 图纸会审记录,设计变更通知单和技术核定单。 5. 隐蔽工程验收记录(包括打桩、试桩、吊装记录)。 6. 材料、构件和设备质量合格证明(包括出厂证明、质量保证书)。 7. 成品及半成品出厂证明及检验记录。 8. 工程质量事故调查和处理记录。 9. 土建施工必要的试验、检验记录: (1)结构混凝土及砂浆试块强度记录,按施工顺序排列编号,注明结构部位,将试验室的试验单原件及汇总表装订成册。 (2)混凝土抗渗试检资料。 (3)土质干密度试验资料,在基础施工时应分步取样并绘制部位图存档。 (4)沥青玛琋脂试验记录。 (5)耐酸耐碱试验记录。 10. 设备安装及暖气、卫生、电气、通风工程施工试验记录。 11. 施工记录,一般应包括以下内容: (1)地基处理记录,主要是指基础验槽时设计单位和勘探单位的处理意见,必要时绘制地基处理图;特殊地层处理如打桩,暗滨处理加固,重锤夯实等,按操作要求记录,有分包配合施工者,由总包和分包单位一起做验收记录。

续表

项目	类别	说　明
工程档案	有关建筑物合理使用、维护、改建扩建的参考文件资料，工程竣工时提交建设单位保存	(2)工程质量事故、安全事故处理记录。事故部位、发生原因、处理办法、处理后的情况应用文字或图表记录，必要时用照片和录像做好记录。 (3)预制构件吊装记录，主要指厂房、大型预制构件的吊装过程记录、焊接记录和测试、验收记录。 (4)新技术、新工艺及特殊施工项目的有关记录，如滑模、升板工程的偏差记录等。 (5)预应力构件现场施工及张拉记录。 (6)构件荷载试验记录。 12. 建筑物、构筑物的沉降和变形观测记录。 13. 未完工程的中间交工验收记录。 14. 由施工单位和设计单位提出的建筑物、构筑物使用注意事项文件。 15. 其他有关该项工程的技术决定。 16. 竣工验收证明。 17. 竣工图
	为系统积累经验由施工单位保存的技术资料	1. 施工组织设计、施工设计和施工经验总结。 2. 本单位初次采用或施工经验不足的新结构、新技术、新材料的试验研究资料，施工操作专题经验总结。 3. 技术革新建议的试验、采用、改进的记录。 4. 有关的重要技术决定和技术管理的经验总结。 5. 施工日志等
	大型临时设施档案	包括工棚、食堂、仓库、围墙、钢丝网、变压器、水电管线的总平面布置图、施工图、临时设施有关的结构构件计算书，必要的施工记录

1.3 安全管理

1.3.1 安全技术责任制

(1) 企业单位各级领导人员在管理生产的同时，必须负责管理安全工作，认真贯彻执行国家有关劳动保护的法令和制度，在计划、布置、检查、总结、评比生产的同时，要计划、布置、检查、总结、评比安全工作。

(2) 企业单位的生产、技术、设计、供销、运输、财务等有关专职机构，应在各自专业范围内，对实现安全生产的要求负责。

(3) 企业单位各生产小组都应该设有不脱产的安全员。小组安全员在生产小组长的领导和劳动保护干部的指导下，应当在安全生产方面以身作则，起模范带头作用，并协助小组长做好下列工作：经常对本组工人进行安全生产教育；督促他们遵守安全操作规程和各种安全生产制度；正确地使用个人防护用品；检查和维护本组的安全设备；发现生产中有不安全情况的时候，及时报告；参加事故的分析和研究，协助领导实现防止事故的措施。

1.3.2 安全技术措施计划

(1) 企业单位在编制生产、技术、财务计划的同时，必须编制安全技术措施计划。安全技术措施所需的设备、材料，应该列入物资、技术供应计划，对于每项措施，应该确定实现的限期和负责人。企业的领导人应该对安全技术措施计划的编制和贯彻执行负责。

(2) 安全技术措施计划的范围，包括以改善劳动条件（主要指影响安全和健康的）、防止伤亡事故、预防职业病和职业中毒为目的的各项措施，不要与生产、基建和福利等措施混淆。

（3）安全技术措施计划所需的经费，按照现行规定，属于增加固定资产的，由国家拨款；属于其他零星支出的，摊入生产成本。企业主管部门应该根据所属企业安全技术措施的需要，合理地分配国家的拨款。劳动保护费的拨款，企业不得挪作他用。

1.3.3 安全生产教育

（1）企业单位必须认真地对新工人进行安全生产的入厂教育、车间教育和现场教育，并且经过考试合格后，才能准许其进入操作岗位。

（2）对于煤气、起重、锅炉、受压容器、焊接、车辆驾驶、爆破、瓦斯检验等特殊工种的工人，必须进行专门的安全操作技术训练，经过考试合格后，才能准许他们操作。

（3）企业单位都必须建立安全活动日和在班前班后会上检查安全生产情况等制度，对职工经常进行安全教育。并且注意结合职工文化生活，进行各种安全生产的宣传活动。

（4）在采用新的生产方法、添设新的技术设备、制造新的产品或调换工人工作的时候，必须对工人进行新操作法和新工作岗位的安全教育。

1.3.4 安全生产检查

（1）企业单位对生产中的安全工作，除进行经常的检查外，每年还应该定期地进行二至四次群众性的检查，这种检查包括普遍检查、专业检查和季节性检查，这几种检查可以结合进行。

（2）开展安全生产检查，必须有明确的目的、要求和具体计划，并且必须建立由企业领导负责、有关人员参加的安全生产检查组织,以加强领导,做好这项工作。

(3) 安全生产检查应该始终贯彻领导与群众相结合的原则,依靠群众,边检查,边改进,并且及时地总结和推广先进经验。有些限于物质技术条件当时不能解决的问题,也应该订出计划,按期解决,必须做到条条有着落,件件有交代。

1.3.5 伤亡事故调查和处理

(1) 企业单位应该严肃、认真地贯彻执行国务院发布的"工人职员伤亡事故报告规程"。事故发生以后,企业领导人应该立即负责组织职工进行调查和分析,认真地从生产、技术、设备、管理制度等方面找出事故发生的原因,查明责任,确定改进措施,并且指定专人,限期贯彻执行。

(2) 对于违反政策法令和规章制度或工作不负责任而造成事故的,应该根据情节的轻重和损失的大小,给予不同的处分、直至送交司法机关处理。

(3) 时刻警惕一切犯罪分子的破坏活动,发现有关破坏活动时,应立即报告公安机关,并积极协助调查处理。对于那些思想麻痹、玩忽职守的有关人员,应该根据具体情况,给予相应处分。

(4) 企业的领导人对本企业所发生的事故应该定期进行全面分析,找出事故发生的规律,订出防范办法,认真贯彻执行,以减少和防止事故。对于在防范事故中表现好的职工,给以适当的表扬或物质鼓励。

1.4 施工工长的主要工作

1.4.1 技术准备工作

见表 1-4-1。

技术准备工作　　　表 1-4-1

项次	项目	说明
1	熟悉图纸	工长要熟悉图样内容、要求和特点,参与图样会审要重点关注以下方面: (1)砌体结构和混凝土结构等施工图(包括平面布置图、剖面图、节点大样图等); (2)采用脚手架作模板支撑的操作工艺要求及说明; (3)支撑材料及选用的支撑系统; (4)施工图与说明在内容上是否一致,与其他组成部分间有无矛盾或错误; (5)总平面图与其他图样在尺寸、标高上是否一致,技术要求是否正确; (6)施工图中,施工难度大和技术要求高的分项工程和采用新结构、新材料、新工艺的分项工程与企业现有施工技术水平、管理水平能否满足要求,不足之处如何采取特殊技术措施加以保证; (7)分项工程施工所需材料、设备的数量、规格、来源和供货时间与设计要求是否一致; (8)分期、分批投产或交付使用的顺序和时间; (9)设计方、承包方、监理方、分包方之间的协作、配合关系、建设单位、承包方向分包方提供的施工条件

续表

项次	项目	说明
2	熟悉施工组织设计	(1)生产部署; (2)施工顺序; (3)施工方法和技术措施; (4)施工平面布置
3	准备交底	(1)一般工程(工人已熟悉的项目)——准备简要的操作交底和施工要求; (2)特殊工程(如新技术等)——准备图纸和大样,准备细部做法和要求

1.4.2 班组操作前准备工作

见表 1-4-2。

班组操作前准备工作　　表 1-4-2

项次	项目	说明
1	工作面的准备	清理现场,道路畅通,搭设架木,准备好操作面
2	施工机械准备	组织施工机械进场,接上电源进行试运行,并检查安全装置
3	材料和工具准备	材料进场按施工平面图布置要求等进行堆放; 工具按班组人员配备
4	作业条件准备	(1)图样会审后,根据工程特点、计划合同工期及现场环境等,完成本分项工程操作工艺要求及说明。 (2)按施工要求备料,分规格堆放

1.4.3 调查研究班组人员及工序情况

见表1-4-3。

调查研究班组人员及工序情况　　表1-4-3

项次	项目	说明
1	调查班组情况	(1)人员配备。 (2)技术力量。 (3)生产能力
2	研究工序	(1)确定工种之间的搭接次序、时间和部位 (2)协助班长做好人员安排： ①根据工作面计划流水和分段； ②根据流水分段和技术力量进行人员分档； ③根据分档情况配备运输、配料、供料的力量

1.4.4 向工人交底

见表1-4-4。

向工人交底　　表1-4-4

项次	项目	说明
1	计划交底	(1)任务数量。 (2)任务开始、结束时间。 (3)该任务在全部工程中对其他工序的影响和重要程度
2	定额交底	(1)劳动定额。 (2)材料消耗定额。 (3)机械配台班及每台班产量
3	技术措施和操作方法交底	(1)施工规范、技术规程和工艺标准的有关部分。 (2)有关图纸要求及细部做法。 (3)施工组织设计或施工方案的要求和所采取的提高工程质量、保证安全生产的技术措施。 (4)具体操作部位的施工技术要求及注意事项。 (5)具体操作部位的施工质量要求。

续表

项次	项 目	说 明
3	技术措施和操作方法交底	(6)对关键性部位或新结构、新技术、新材料、新工艺推广项目和部位采取的特殊技术措施,必要时,应作文字交底、样板交底以及示范操作交底。 (7)消灭质量通病的技术措施。 (8)施工进度要求。 (9)总分包协作施工组(队)的交叉作业、协作配合的注意事项,以及施工进度计划安排。 (10)安全技术交底主要内容有: ①施工项目的施工作业特点,作业中的潜在隐含危险因素和存在问题。 ②针对危险因素、危险点应采取的具体预防措施以及新的安全技术措施等。 ③作业中应注意的安全事项。 ④相应的安全操作规程和标准。 ⑤发生事故后应及时采取的避险和急救措施。 ⑥定期向两个以上作业队和多工种进行交叉施工的作业队伍进行书面交底。 ⑦保持书面安全技术交底签字记录
4	安全生产交底	(1)施工操作和运输过程中的安全事项。 (2)使用机电设备安全事项。 (3)高空作业和消防安全事项
5	管理制度交底	(1)自检、互检、交接检的具体时间和部位。 (2)分部分项质量验收标准和要求。 (3)现场市容管理制度的要求。 (4)样板的建立和要求

1.4.5 施工任务的下达、检查和验收

见表 1-4-5。

施工任务的下达、检查和验收

表 1-4-5

项次	项目	说明
1	操作中的具体指导和检查	(1)检查抄平、放线、准备工作是否符合要求; (2)工人能否按交底要求进行施工(必要时进行示范); (3)一些关键部位是否符合要求,如留槎、留洞、加筋、预埋件等,并及时提醒工人; (4)随时提醒安全、质量和现场场容管理中的倾向性问题; (5)按工程进度及时进行隐、预检和交接检,配合质量检查人员搞好分部分项工程质量验收
2	施工任务的下达与验收	(1)向班组下达施工任务书,任务完成后,按照计划要求、质量标准进行验收; (2)当完成分部分项工程以后,工长一方面须查阅有关资料,如选用的材料和施工是否符合设计要求等,另一方面须通知技术员、质量检查员、施工的班组长,对所施工的部位或项目,按照质量标准进行检查验收,合格产品须填写表格,进行签字,不合格产品要立即组织原施工班组进行维修或返工

1.4.6 做好施工日志工作

施工日志记载的主要内容:
(1) 当日气候实况;
(2) 当日工程进展;
(3) 工人调动情况;
(4) 资源供应情况;
(5) 施工中的质量安全问题;
(6) 设计变更和其他重大决定;
(7) 经验和教训。

2 脚手架分类、组成及设置要求

2.1 脚手架分类和组成

2.1.1 落地式脚手架

(1) 木、竹脚手架

木脚手架一般使用杉杆作架杆、用 8 号钢丝绑扎；竹脚手架一般使用毛竹作架杆，用竹篾绑扎。构造参数见表 2-1-1。

木、竹脚手架构造参数 表 2-1-1

用途	脚手架构造形式		里立杆离墙面的距离(m)	立杆间距(m)		操作层小横杆间距(m)	大横杆步距(m)	小横杆挑向墙面的悬臂(m)
				横向	纵向			
砌筑	木脚手架	单排	—	1.2~1.5	1.5~1.8	≤1.0	1.2~1.4	—
		双排	0.5	1.0~1.5	1.5~1.8	≤1.0	1.2~1.4	0.4~0.45
	竹脚手架	双排	0.5	1.0~1.3	1.3~1.5	≤0.75	1.2	0.4~0.45
装修	木脚手架	单排	—	1.2~1.5	2.0	1.0	1.6~1.8	—
		双排	0.5	1.0~1.5	2.0	1.0	1.0~1.8	0.35~0.45
	竹脚手架	双排	0.5	1.0~1.3	1.8	≤1.0	1.6~1.8	0.35~0.45

注：1. 单排脚手架立杆横向间距即指立杆离墙面的距离。
2. 竹脚手架立杆一般使用双杆。

(2) 扣件式钢管脚手架

1) 钢管杆件

钢管采用外径 48mm、壁厚 3.5mm 的焊接钢管,也可采用同样规格的无缝钢管或外径 51mm、壁厚 3mm 的焊接钢管,钢管材质宜使用力学性能适中的 Q235 钢,其材性应符合现行标准《碳素结构钢》GB/T 700 的相应规定。

用于立杆、大横杆、剪刀撑和斜杆的钢管长度为 4～6.5m。用于小横杆的钢管长度为 1.8～2.2m,以适应脚手架宽的需要。

钢管必须进行防锈处理,即钢管先行除锈,然后内壁涂两道防锈漆,外壁涂防锈漆一道和面漆两道。在脚手架使用一段时间以后,需重新进行防锈处理。

2) 扣件和底座

① 扣件:为杆件的连接件,分可锻铸铁铸造扣件和钢板压制扣件两种。可锻铸铁扣件已有国家产品标准和专业检测单位,产品质量易于控制管理,但购用时一定要经过严格的检查验收。钢板压制扣件应参照现行国家标准《钢管脚手架扣件》GB 15831 的规定进行测试,其质量符合标准要求时才能使用。

扣件的基本形式:

A. 直角扣件。用于两根垂直交叉钢管的连接(图 2-1-1);

B. 旋转扣件。用于两根呈任意角度交叉的钢管的连接(图 2-1-2);

C. 对接扣件。用于两根钢管对接连接(图 2-1-3)。

② 底座:扣件式钢管脚手架的底座用于承受脚手架立柱传递下来的荷载,用可锻铸铁制造的标准底座的

构造见图2-1-4。底座亦可用厚8mm、边长150mm的钢板作底板,外径60mm、壁厚3.5mm、长150mm的钢管作套筒焊接而成(图2-1-5)。

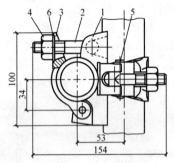

图 2-1-1　直角扣件

1—直角座；2—螺栓；3—盖板；
4—螺母；5—销钉；6—垫圈

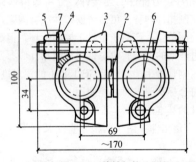

图 2-1-2　旋转扣件

1—螺栓；2—铆钉；3—旋转座；4—盖板；
5—螺母；6—销钉；7—垫圈

3) 常用敞开式（双排、单排）脚手架的参考设计尺寸，见表2-1-2、表2-1-3。

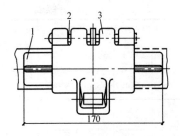 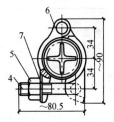

图 2-1-3 对接扣件

1—杆芯；2—铆钉；3—对接座；4—螺栓；
5—螺母；6—对接盖；7—垫圈

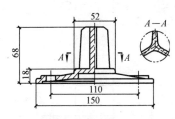 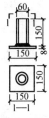

图 2-1-4 标准底座　　图 2-1-5 焊接底座

常用敞开式双排脚手架的参考设计尺寸（m）

表 2-1-2

连墙件设置	立杆横距	步距	下列荷载时的立杆纵距				脚手架允许搭设高度
			2+4×0.35 (kN/m²)	2+2+4×0.35 (kN/m²)	3+4×0.35 (kN/m²)	3+2+4×0.35 (kN/m²)	
二步三跨	1.05	1.20～1.35	2.0	1.8	1.5	1.5	50
		1.80	2.0	1.8	1.5	1.5	50

27

续表

连墙件设置	立杆横距	步距	下列荷载时的立杆纵距				脚手架允许搭设高度
			2+4×0.35 (kN/m²)	2+2+4×0.35 (kN/m²)	3+4×0.35 (kN/m²)	3+2+4×0.35 (kN/m²)	
二步三跨	1.30	1.20~1.35	1.8	1.5	1.5	1.5	50
		1.20~1.35	1.8	1.5	1.5	1.2	50
	1.55	1.20~1.35	1.8	1.5	1.5	1.5	50
		1.20~1.35	1.8	1.5	1.5	1.2	37
三步三跨	1.05	1.20~1.35	2.0	1.8	1.5	1.5	50
		1.20~1.35	2.0	1.5	1.5	1.5	34
	1.30	1.20~1.35	1.8	1.5	1.5	1.5	50
		1.20~1.35	1.8	1.5	1.5	1.2	30

常用敞开式单排脚手架的参考设计尺寸 (m)

表 2-1-3

连墙件设置	立杆横距	步距	下列荷载时的立杆纵距		脚手架允许搭设高度
			2+4×0.35 (kN/m²)	3+4×0.35 (kN/m²)	
二步三跨 三步三跨	1.20	1.20~1.35	2.0	1.8	24
		1.80	2.0	1.8	24
	1.40	1.20~1.35	1.8	1.5	24
		1.80	1.8	1.5	24

(3) 碗扣式脚手架

碗扣式脚手架的基本构件是：带有碗扣的立杆（顶杆）和两端带有楔片的小横杆。组装时，将上碗扣的缺口对准限位销后，将上碗扣向上抬起（沿立杆向上滑动），把横杆接头楔片插入下碗扣圆槽内，随后将上碗扣沿限位销滑下并顺时针旋转以扣紧横杆接头（使用锤子敲击几下即可达到扣紧要求）。碗扣式接头的拼接完全避免了螺栓作业，也防止了扣件的丢失。

碗扣接头可同时连接 4 根横杆，可以相互垂直或偏转一定角度（图 2-1-6）。

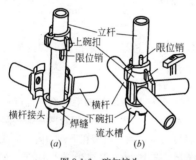

图 2-1-6 碗扣接头
(a) 连接前；(b) 连接后

此外，该脚手架还配有多种不同功能的辅助构件，如可调的底座和托撑、脚手板、架梯、挑梁、悬挑架、提升滑轮、安全网支架等。使架子系统通用性更强。

1）主件杆

① 立杆。立杆是脚手架的主要受力杆件，由一定长度的 $\phi48\times3.5$、Q235 钢管上每隔 0.60m 安装一套碗扣接头，并在其顶端焊接立杆连接管制成。立杆有 3.0m 和 1.8m 两种规格。

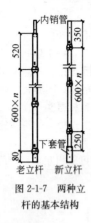

图 2-1-7 两种立杆的基本结构

② 顶杆。顶杆即顶部立杆，其顶端设有立杆连接管，便于在顶端插入托撑或可调托撑等，有 2.10m、1.50m、0.90m 三种规格。两种立杆的基本结构，如图 2-1-7 所示。

③ 横杆。组成框架的横向连接杆件，由一定长度的 $\phi 48 \times 3.5$、Q235 钢管两端焊接横杆接头制成，有 2.4m、1.80m、1.5、1.2m、0.9m、0.6m、0.3m 七种规格。

④ 单排横杆。主要用作单排脚手架的横向水平横杆，只在 $\phi 48 \times 3.5$、Q235 钢管一端焊接横杆接头，有 1.4m、1.8m 两种规格。

⑤ 斜杆。斜杆是为增强脚手架稳定强度而设计的系列构件，在 $\phi 48 \times 2.2$、Q235 钢管两端铆接斜杆接头制成，斜杆接头可转动，可装在下碗扣内，形成节点斜杆。有 1.69m、2.163m、2.343m、2.546m、3.00m 五种规格，分别适用于 1.20m×1.20m、1.20m×1.80m、1.50m×1.80m、1.80m×1.80m、1.80m×2.40m 五种框架平面。

2) 构造类型

① 双排脚手架。碗扣式双排脚手架的一般构造如图 2-1-8 所示，根据不同使用要求，有以下几种形式：

A. 主要用于装修、维护等作业的架子，组合尺寸常用 1.20m（廊道宽）×2.40m（框宽）×2.40m（框高）。

B. 可作为砌墙、模板工程等结构施工用架子，构

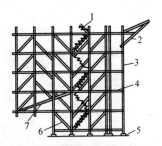

图 2-1-8 碗扣式双排脚手架的一般构造
1—梯子；2—安全网支架；3—立杆；4—横杆；
5—垫座；6—斜杆；7—斜脚手板

造尺寸为 1.20m×1.80m×1.80m。

C. 用于重载作业或作为高层脚手架的底部架，取较小的立杆纵距（0.90m 或 1.20m），常用构造尺寸为 1.20m×1.20m×1.80m。

② 单排脚手架。根据作业顶层荷载要求，有以下几种形式：

A. 用于外装修及维护等作业，构造尺寸的框宽×框高为 1.80m×1.80m。

B. 用于一般的施工作业，构造尺寸的框宽×框高为 1.20m×1.20m。

C. 用于重载作业，构造尺寸的框宽×框高为 0.90m×1.20m。

(4) 门式钢管脚手架

门式钢管脚手架由门式框架（门架）、剪刀撑（十字拉杆）和水平架（平行架、平架）或脚手板构成基本单元（图 2-1-9）。一般常用的标准型门架的宽度为 1.2m，高度为 1.7m 和 1.9m。门架的重量，当使用高强薄壁钢管时为 13～16kg，使用普通钢管时为 20～25kg。

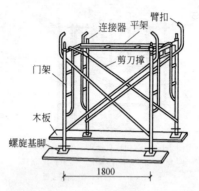

图 2-1-9 门式钢管脚手架

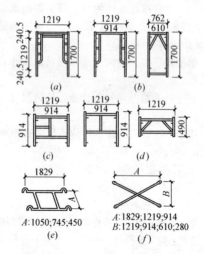

图 2-1-10 基本单元部件

(a) 标准门架；(b) 简易门架；(c) 轻型梯形门架；
(d) 接高门架；(e) 水平架；(f) 剪刀支撑

门架之间的连接,在垂直方向使用连接棒和锁臂,在脚手架纵向使用剪刀支撑,在架顶水平面使用水平架或脚手板。剪刀支撑和水平架的规格根据门架的间距来选择,一般多采用 1.8m。

1) 基本单元部件

包括门架、剪刀撑和水平架等(图 2-1-10)。

2) 底座和托座

底座和托座见图 2-1-11。

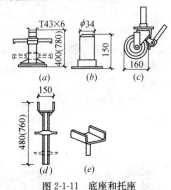

图 2-1-11 底座和托座

(a) 可调底座;(b) 简易底座;(c) 脚轮;
(d) 可调 U 形顶托;(e) 简易 U 形托

3) 其他部件

有脚手板、梯子、扣墙器、栏杆、连接棒、锁臂、连接扣件和脚手板托架等。

其中,连接扣件分为三种类型:回转扣、直角扣和筒扣。每一种类型又有不同规格,以适应相同管径或不同管径杆件之间的连接,见表 2-1-4。

2.1.2 不落地式脚手架

(1) 挑脚手架

扣件规格　　　表 2-1-4

类型	回转扣			直角扣			筒扣	
规格	ZK—4343	ZK—4843	ZK—4848	JK—4343	JK—4843	JK—4848	TK—4343	TK—4848
扣径 D_1 (mm) D_2	43 43	48 43	48 48	43 43	48 43	48 48	43 43	48 48

采用悬挑形式搭设的脚手架称为挑脚手架，基本类型如下：

1) 型钢支承结构挑架

① 斜拉式（图 2-1-12a）。斜拉式悬挑支承结构是用型钢作为一根悬挑梁，悬挑端用钢丝绳或钢筋作为斜向

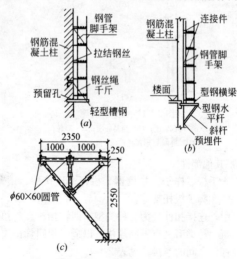

图 2-1-12　型钢制作的支撑结构
（a）斜拉式；（b）下撑式；（c）三角形桁架

拉杆。斜拉杆的上端装有花篮螺栓，用来控制悬挑梁外端的挠度。

② 下撑式（图 2-1-12b）。下撑式悬挑支承结构是用型钢焊接而成的三角形桁架（图 2-1-2c）。桁架的上下支点直接与主体结构中的预埋件焊接。

2）钢管支承结构挑架

钢管制作的支承结构的结构形式如图 2-1-13 所示。它是由钢管组成的三角形桁架，其斜压杆一般采用双斜杆，在其上可搭设 8 步脚手架。

图 2-1-13 详细表示了三角形桁架的构造情况以及各

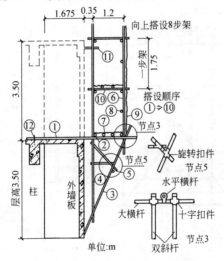

图 2-1-13 钢管制作支承结构的搭设顺序

①—水平横杆；②—大横杆；③—双斜杆；④—内立杆；
⑤—加强短杆；⑥—外立杆；⑦—竹笆脚手板；⑧—栏杆；
⑨—安全网；⑩—小横杆；⑪—用短钢管与结
构拉结；⑫—水平横杆与预埋环焊接

杆在现场的搭设顺序。其搭设和拆除均属于高空作业，因此各根杆件的搭拆顺序十分重要，若施工顺序不当则可能造成杆件的传力不合理，留下隐患，酿成事故。因此，在搭、拆施工前要仔细研究各根钢管杆件的关系，选用既安全又方便的搭拆步骤。

定型预拼的脚手架。事先在平地上用钢管搭设成一个工具式的定型架子。图 2-1-14 所示的定型架子是由 ϕ48.6mm 的钢管用扣件连成一个 8m×1m×12m（长×宽×高）的整体架子。根据需要也可以有不同的规格。定型架子可用起重吊车将其整体向上移动，安放在悬挑支承结构上。

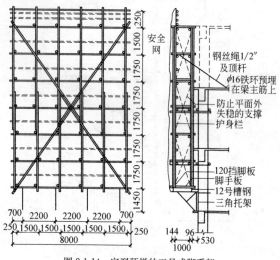

图 2-1-14 定型预拼的工具式脚手架

（2）挂脚手架

挂脚手架（简称挂架）是一种工具式脚手架，架体可事先组装好,往往与装修工程施工综合考虑。

挂架利用在结构构件内埋设挂钩环或穿入结构预留孔洞中的螺栓将架体挂在外墙上,借助起重机械使架体沿外墙面升降。

1) 用于框架结构施工的挂架

在定型的脚手架底部伸出横向水平杆,将其插装入框架结构内,并用压杠将横向杆压住,压杠要与楼板上的预埋件牢固连接,脚手架上部用钢丝绳和花篮螺栓与楼板连接,以防止外倾(图 2-1-15),或同时设有钢丝绳和斜钢管,防止脚手架发生倾斜(图 2-1-16)。

图 2-1-15 挂架构造示意图   图 2-1-16 设有钢丝绳和斜撑的挂架

2) 插装在窗洞内的挂架

当承重外墙上有窗洞时,可将脚手架的横向水平杆插入窗洞内,用双扣件将其与墙内侧的立杆连接,再借助长度大于窗口宽度的纵向别杠与房屋固定(图 2-1-17)。

3) 悬挂在外墙上的挂架

承重外墙没有窗孔时,可在墙板上预留孔洞,将带挂钩的螺栓穿入预留孔固定在墙上（图 2-1-18），再用吊车将脚手架挂在钩上。

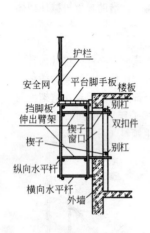

图 2-1-17 插装在窗洞内的挂架

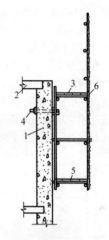

图 2-1-18 外墙挂架
1—墙体；2—楼板；3—上平台；
4—穿墙带钩的螺栓；5—下平台；6—安全网

（3）吊脚手架（吊篮）

吊篮是将架体的悬挂点固定在建筑物顶部悬挑出来的结构上，通过设在每个吊篮上的简单提升机械和钢丝绳（或钢筋链杆），使吊篮升降。吊篮一般用于高层建筑外装修施工，如图 2-1-19 所示。

吊篮可分两大类：一类是手动吊篮，利用手扳葫芦进行升降；一类是电动吊篮，利用特制的电动卷扬机进行升降，有定型产品生产。

吊篮临墙一侧距外墙的间隙为 100～200mm，两个

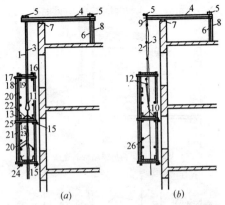

图 2-1-19 吊篮构造

1—钢丝绳；2—链杆式链条；3—安全绳；4—挑梁；5—连接挑梁水平杆；6—挑梁与建筑物固定立杆；7—垫木；8—临时支柱；9—固定链杆式链条钢丝绳；10—固定吊篮与安全绳的短钢丝绳；11—手扳葫芦；12—手扳葫芦；13—挡脚板；14—工作平台；15—护墙轮；16—护头棚；17、25—横向水平杆；18、24—纵向水平杆；19—立杆；20—正面斜撑；21—安全阀；22—吊篮吊钩；23—护身栏；26—吊篮架体

吊篮之间的间隙不得大于 200mm。

悬挂吊篮的挑梁必须与房屋结构固定连接牢靠（图 2-1-20）。挑梁挑出长度应保证悬挂吊篮的钢丝绳（或钢筋链杆）垂直地面。挑梁之间应用纵向水平杆连接以加强结构的整体性和稳定性。挑梁与吊篮吊绳连接端应有防止滑脱的防护装置。

安全绳的安装方法有两种：一种是用钢丝绳兜住吊篮底部并与保险绳卡牢（图 2-1-21）。另一种是装设安全锁，如图 2-1-22 所示，当吊篮发生意外脱落时，安全锁能自动将吊篮架体锁在保险钢丝绳上。

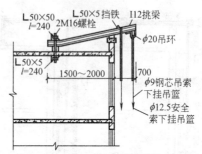

图 2-1-20 挑梁与房屋结构的连接

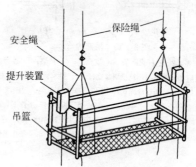

图 2-1-21 手动吊篮保险装置

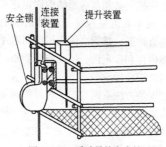

图 2-1-22 手动吊篮安全锁

（4）爬升脚手架（爬架）

爬架是一种不落地的工具式脚手架，采用附着于结构及自身带有的起重设备，能沿外墙上下升降，可以满足结构施工和装修施工对脚手架的要求。

目前常用的有两种。

1) 挑梁式爬架（图 2-1-23）

挑梁式爬架的爬升是依靠悬挂在提升挑梁上的手动葫芦或电动葫芦来实现的。提升挑梁是从柱或边梁上挑

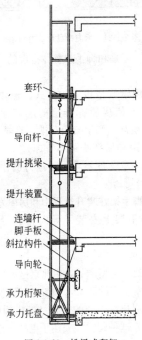

图 2-1-23 挑梁式爬架

伸出来的承力构件（图 2-1-23），由型钢制作。

脚手架支承在承力托盘上。它是脚手架的承力构件，一般由型钢制作而成，一端通过穿墙螺栓或预埋件与建筑物相连，另一悬出端则用斜拉构件固定在建筑物上一层相同部位处。然后在托盘上安装承力桁架，如图 2-1-24 所示。

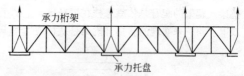

图 2-1-24　承力托盘及承力桁架

承力桁架实际是和脚手架整体搭设的，是脚手架最底层的一步架。

脚手架采用钢管搭设（扣件式、碗扣式均可）而成。其搭设高度依房屋标准层的层高而定，一般为 3.5～4.5 倍楼层高。脚手架为双排，架宽一般为 0.8～1.2m。立杆纵距和横杆步距不宜超过 1.8m。脚手板、剪刀撑、安全网等设备要求与普通外脚手架设备要求相同。

为了避免脚手架在爬升过程中和房屋发生碰撞和向外倾覆，在脚手架上安装了导向轮和导向杆，如图 2-1-23 所示。

2）导轨式爬架

导轨式爬架为定型产品，由北京星河模板脚手架工程有限公司开发生产的爬架，如图 2-1-25 所示。由北京建筑工程研究院开发生产的爬模（带模板的爬架），如图 2-1-26 所示，这种爬模主要用于电梯井或筒中筒结构内筒壁施工。

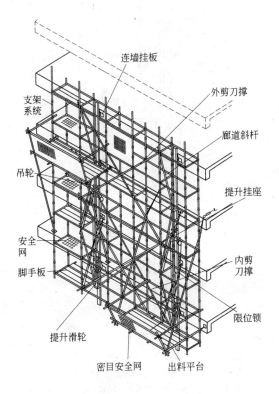

图 2-1-25 导轨式爬架

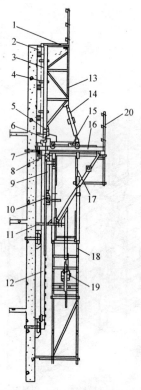

图 2-1-26 JFYM50型液压爬模

1—平台板；2—外模板；3—附加背楞；4—锁紧板；5—模板高低调节装置；6—防坠装置；7—穿墙螺栓；8—附墙装置；9—液压缸；10—爬升箱；11—上架体支腿；12—导轨；13—模板支撑架体；14—调节支腿；15—模板平移装置；16—上架体；17—水平梁架；18—下架体；19—下架体提升机；20—栏杆

2.2 适用范围和设置要求

下面以目前工程中用量最大的扣件式钢管外脚手架为例来说明落地式外脚手架的适用范围及设置要求。

2.2.1 脚手架组成及适用范围

扣件式钢管外脚手架,是以标准钢管作杆件(立杆、横杆与斜杆),以扣件作连接件组装成脚手架骨架,并用支撑与防护构配件搭设而成的。图 2-2-1 为扣件式钢管脚手架的组成示意图。

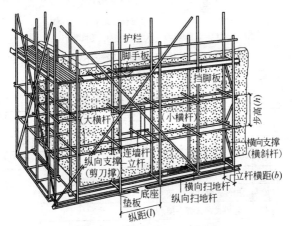

图 2-2-1 扣件式钢管脚手架的组成

脚手架有单排外脚手架和双排外脚手架两类(图 2-2-2)。单排脚手架的横向水平杆一端支承在墙体结构上,另一端支承在立杆上。双排脚手架的横向水平杆的两端均支承在立杆上。两类脚手架各有其适用范围。

(1) 单排脚手架只能用于承担荷载较小的情况,即适用于高度较低的多层房屋工程施工。高层脚手架则应

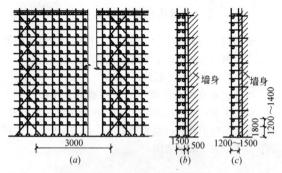

图 2-2-2 单排与双排脚手架
(a) 正立面；(b) 双排侧面；(c) 单排侧面

采用双排脚手架，其搭设高度一般应不超过表 2-2-1 的规定。

脚手架搭设高度适用范围 表 2-2-1

序号	脚手架种类	搭设高度适用范围(m)	
		单排脚手架	双排脚手架
1	木脚手架	20	30
2	竹脚手架	30	30
3	扣件式钢管脚手架	25	50
4	碗扣式钢管脚手架	30	60
5	门式钢管脚手架	当架面施工荷载标准值不大于 $3kN/m^2$ 时为 60m；当架面施工荷载标准值大于 $3kN/m^2$ 而不大于 $5kN/m^2$ 时为 45m	

当需要搭设超过表 2-2-1 规定的高脚手架时，应采取分段卸载措施，或采用吊、挂、挑等形式的脚手架。分段卸载措施是指在规定高度（一般定为 30m）之上分

段装设挑支架或撑拉构造，将该段的脚手架荷载全部或部分地卸给工程结构承受，每个分段内的搭设高度不宜超过25m。

(2) 高度低于25m的房屋，只有当其墙体结构能承担脚手架横向水平杆传来的施工荷载时才能采用单排脚手架。下列情况不能采用单排脚手架：

1) 加气混凝土墙、空斗墙、空心砖墙等轻质墙体；
2) 窗间墙宽度小于1m的砖墙；
3) 墙厚不大于180mm的砖墙；
4) 砌筑砂浆强度等级不大于M1.0的砖墙。

(3) 单排脚手架仅适用于由工人肩挑、背扛来运输建筑材料，施工中不产生较大的振动。不能在墙面上的下列位置搁置横向水平杆：

1) 砖过梁上，与过梁成60°角的三角形范围内；
2) 梁或梁垫下及其左右各500mm的范围内；和墙体转角处的240mm范围内；
3) 在门窗洞口两侧3/4砖的范围内；
4) 宽度小于480mm的砖柱；
5) 设计规定不允许部位。

2.2.2 设置要求

(1) 连墙拉结的设置要求

对于高度超过三步的脚手架，为了防止脚手架倾斜和倒塌，保证整片脚手架的稳定性，应在脚手架上均匀地设置足够多的牢固的连墙杆，如图2-2-3所示。连墙杆的位置应设置在与立杆和大横杆相交的节点处，离节点的间距不宜大于300mm。

连墙杆在水平方向应设置在框架梁或楼板附近。竖直方向应设置在框架柱或横隔墙附近。这些均是主体结

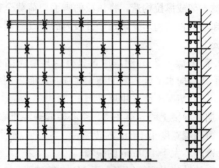

图 2-2-3 连墙杆的布置

构具有较好抵抗水平力作用的结构部位。

连墙杆在房屋的每层范围均需布置一排,一般竖向间距为脚手架步高的 2~4 倍,不宜超过 4 倍,而且绝对值在 3~4m 范围内。横向间距宜选用立杆纵距的 3~4 倍,不宜超过 4 倍,且绝对值在 4.5~6.0m 范围内。

连墙杆的间距大小还与脚手架的总高、立杆承受的内力和地区基本风压大小等有关。总高较大的脚手架,立杆承受的内力大,则连墙杆的间距要减小,反之间距可增大。这些变化可用每一个连墙杆的覆盖面积来控制(表 2-2-2)。

脚手架总高与连墙杆的覆盖面积关系数

表 2-2-2

脚手架总度 H(m)	每个连墙杆的覆盖面积(m^2/个)
<25	25~35
>25	15~25

根据构造做法的不同,连墙杆分柔性和刚性两类。

1) 柔性连墙杆

由承受拉力的拉筋（$\phi 4mm$ 的钢丝或 $\phi 6mm$ 钢筋）和承受压力的顶撑（钢管和木楔）组成的一顶一拉的柔性连接（图 2-2-4）。

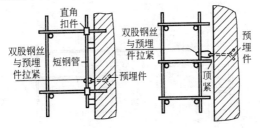

图 2-2-4 柔性连接

由于柔性连接的刚性较差。故其适用范围受到限制，只能用于总高度低于 25m 的普通脚手架。

2）刚性连墙杆

当脚手架搭设高度超过 25m 时，连墙杆不允许用柔性连接，必须采用刚性连接。同时要求连墙杆应与墙面垂直，不准向上倾斜，向下倾斜角不得超过 15°，常见形式有下列三种：

① 连墙杆和预埋件焊接连接。即在现浇混凝土的框架梁、柱上留预埋件，然后用圆钢管或角钢（如用 $\llcorner 100 \times 65 \times 10$）一端与预埋件焊接（图 2-2-5），另一

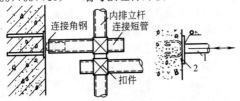

图 2-2-5 焊接连接

端与连接短管用螺栓连接。连接时要求混凝土的强度等级不低于15MPa。

② 用短钢管、扣件与钢筋混凝土柱连接（图2-2-6）。

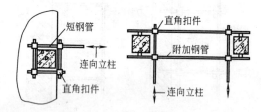

图 2-2-6 与钢筋混凝土柱刚性连接

③ 用短钢管、扣件与墙体相连接（图 2-2-7）。

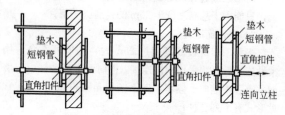

图 2-2-7 与墙刚性连接

连墙杆可以并排布置，亦可以花排布置，以采用花排布置的为多。

连墙杆所在位置有时可能遇到门窗洞口，可以用添加附加短钢管的办法来实现连接。

在实际施工中经常出现由于连墙杆影响施工操作，需要临时拆除连墙杆的情况，必须采取有效的补救措施。如在附近添设一个临时的连墙杆，限制施工荷载或加强横向刚度等。

(2) 作业层设置要求

1) 作业层的宽度

作业层的宽度必须满足施工人员操作、临时堆料和材料运输三项要求,如图 2-2-8 所示。

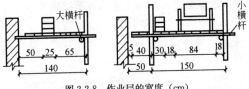

图 2-2-8 作业层的宽度(cm)

① 横向水平杆(小横杆)伸出纵向水平杆(大横杆)外的长度不宜小于 150mm,以防止小横杆从大横杆上滑脱。

单排脚手架的小横杆伸入墙体结构内的长度为 350~500mm,以保证小横杆与墙体之间有足够的支承面,避免墙体发生局部承压承载力不够的现象。

② 双排脚手架的里立杆距墙体的距离为 350~500mm,以保证工人有一定的操作活动空间。

装修工程要对墙面进行施工,需要有较宽的操作空间,所以里端离墙面距离较结构脚手架要大。

各式脚手架的参考尺寸,见表 2-2-3。

各式脚手架的尺寸类型　　表 2-2-3

尺寸类型	结构脚手架(mm)	装修脚手架(mm)
小横杆里端距墙面距离 a	100~150	150~200
单排脚手架外立杆到墙面的距离 b	1450~1800	1150~1500
双排脚手架里外立杆间的距离 b	1000~1200	800~1200

注:对于高层脚手架,b 值宜取较小值,以减少立杆所承担的荷载。

2) 脚手板铺设

① 结构施工时,作业层脚手板沿纵向应满铺,不得有超过 50mm 的间隙,离开墙面一般取 120～150mm;装修施工时,操作层的脚手板数不得少于 3 块,架子上不准留单块脚手板。

② 脚手板的铺设,当考虑手推车行走,其参考数值见表 2-2-4。

脚手板的铺设宽度 表 2-2-4

行车情况(mm)	结构脚手架(m)	装修脚手架(m)
没有小车	≥1.0	≥0.9
车宽不大于 600	≥1.3	≥1.2
车宽 900～1000	≥1.6	≥1.5

注:作业层下面要留一层脚手板作为防护层。

③ 脚手板在纵向的接头有对接铺设和搭接铺设二种(图 2-2-9)。

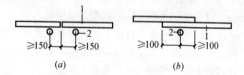

图 2-2-9 脚手板的对接和搭接
(a) 对接;(b) 搭接
1—脚手板;2—小横杆

对接铺设的脚手板,在每块脚手板两端下面均要有小横杆,杆离板端的距离应不小于 150mm,小横杆应放正、绑牢。

搭接铺设的脚手板,要求两块脚手板端头的搭接长度应不小于 400mm,接头处必须在小横杆上,脚手板与小横杆之间的不平处允许用木块垫实,不许垫砖块等易碎物体。

严禁留探头长度大于150mm的探头板。

脚手板应在下列部位给予固定:

A. 脚手板的两端和拐角处;

B. 沿板长方向间隔15~20m;

C. 坡道和平台的两端;

D. 其他可能发生滑动和翘起的部位。

3) 安全设施

离地面2m以上铺设脚手板的作业层,都是在脚手架外立杆的内侧绑两道牢固的护身栏杆和挡脚板或立挂安全网。

(3) 横向结构的设置要求

横向结构是指由立杆和小横杆组成的横向构架。它是脚手架直接承受和传递垂直荷载的部分,是脚手架的受力主体。

横向结构中,上下两层小横杆的垂直距离(步高h,图2-2-1)和两榀横向承力结构间的纵向间距(即立杆之间的纵距l,图2-2-1),应根据脚手架的搭设高度、施工要求、承载和构造的需要来确定。

1) 步高h

底层的步高h,一般离地面距离为1.6~1.8m,最高值不大于2.0m。

其他层步高具体尺寸的确定要考虑下列因素:

① 施工操作的要求。一般情况下,对结构脚手架,步高为1.20~1.80m;对装修脚手架,步高为1.70~1.90m。

② 使作业面的水平位置与垂直运输设施(电梯、井字架、升降架等)相适应,以保证材料从垂直运输转

入水平运输的需要。

③ 使作业面的水平位置与房屋主体结构的楼层水平位置相适应,以方便作业面和楼层之间的水平联系。

2) 作业层和铺板层的限制

一般情况下,在一个高度段内,铺板层不多于4层,作业层不多于2层。作业层和铺板层过多,将可能引起结构的失稳破坏。当需要增加作业层时,应作专门的设计计算。

(4) 纵向结构设置要求

脚手架的纵向构架应沿房屋的周围形成一个连续封闭的结构。

1) 纵向间距 l

两榀立杆的纵向间距 l,一般取 1.20~1.80m,具体数值取决于立杆所承担的内力和立杆本身的承载能力。脚手架的高度越大,需要立杆承担的内力越多,为了减少立杆所承受的内力,则需增加立杆数量或减少立杆的间距。

当脚手架高度超过 50m 时,需要采取加强措施(图 2-2-10)。

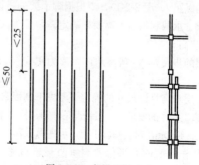

图 2-2-10 加设立杆 (m)

2) 脚手架的一般构造要求

多立杆式外脚手架。用杉杆、竹竿或扣件钢管搭设的多立杆式外脚手架的一般构造要求，见表 2-2-5。

多立杆外脚手架的一般构造要求（m）

表 2-2-5

项 目 名 称		砌筑脚手架		装修脚手架	
		单排	双排	单排	双排
双排脚手架里立杆离墙面距离		—	0.35~0.50	—	0.35~0.50
小横杆里端离墙面的距离或插入墙体的长度		0.35~0.50	0.35~0.50	0.35~0.50	0.35~0.50
小横杆外端伸出大横杆外的长度		>0.50			
双排脚手架内外立杆横距，单排脚手架立杆与墙面距离		1.35~1.80	1.00~1.50	1.15~1.50	0.8~1.20
立杆纵距	单立杆	1.00~2.00			
	双立杆	1.50~2.00			
大横杆间距（步高）		≤1.50		≤1.80	
第一步架步高		一般为 1.60~1.80 且≤2.00			
小横杆间距		≤1.00		≤1.50	
15~18m 高度段内铺板层和作业层的限制		铺板不多于 6 层，作业不超过 2 层			
不铺板时，小横杆的部分拆除		每步保留。相间抽拆，上下两步，错开，抽拆后的距离，砌筑架子不大于 1.50，装修架子不大于 3.00			

续表

项 目 名 称	砌筑脚手架		装修脚手架	
	单排	双排	单排	双排
剪刀撑	沿脚手架纵向两端和转角处起,每隔10m左右设一组,斜杆与表面夹角为45°~60°,并沿全高度布置			
与结构拉结(连墙杆)	每层设置,垂直距离不大于4.0,水平距离不大于6.0,且在高度段的分界面上必须设置			
水平斜拉杆	设置在与连墙杆相同的水平面上		视需要	
护身栏杆和挡脚板	设置在作业层,栏杆高1.00,挡脚板高0.40			
杆件对接或搭接位置	上下或左右错开,设置在不同的(步架和纵向)网格内			

3) 立杆的偏差要求

为了防止立杆偏斜而承受过大的偏心力,需对立杆的垂直偏斜程度进行控制,并实行双控。

① 在脚手架的高度段 H 内,立杆的全部垂直偏差绝对值规定如下:

当 $H \leqslant 30\text{m}$ 时,不大于 50mm;

当 $H > 30\text{m}$ 时,不大于 100mm。

② 在脚手架的高度段 H 内,立杆偏差的相对值规定如下:

当 $H \leqslant 25\text{m}$ 时,偏差不大于 $\dfrac{H}{200}$;

当 $H > 25\text{m}$ 时,偏差不大于 $\dfrac{H}{400}$。

(5) 支撑体系设置要求

脚手架必须设置支撑体系。支撑体系包括纵向支撑（剪刀撑）、横向支撑和水平支撑。使脚手架形成一个稳定的构架，加强其整体刚度、局部刚度和某些薄弱环节。避免节点受载后产生过大的垂直、水平变位和角度变位。

木、竹脚手架和扣件式钢管脚手架应设置剪刀撑；碗扣式钢管脚手架应设置斜杆和剪刀撑；门式钢管脚手架的两个侧面须满设交叉支撑和剪刀撑。剪刀撑的水平投影应不小于4跨或6m，斜杆的倾角在45°～60°之间。杆件长度不够时，可采用对接或搭接接长，并与脚手架的立杆和纵向水平杆可靠连接，设置数量应符合表2-2-6要求。

斜杆和剪刀撑的设置要求　　表2-2-6

项目	脚手架种类	架高(m)	设置要求
斜杆	碗扣式钢管脚手架	<30 30～50 >50	不少于框格总数的1/4 不少于框格总数的1/3 不少于框格总数的1/2
	其他脚手架		视需要设置
剪刀撑	木、竹脚手架，扣件式钢管脚手架	≤24	两端各设一道，其间按净距不大于15m间距设置，并自底至顶连续设置（图2-2-11a）
		>24	在全宽和全高上连续设置（图2-2-11b）
	门式钢管脚手架，碗扣式钢管脚手架	>30	两端各设一道，按净距不大于15m间距设置，并自底至顶连续设置

(6) 脚手架基础设置要求

落地式脚手架直接支承在地基上，应认真处理地

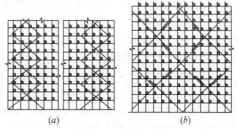

图 2-2-11 剪刀撑布置形式

基,确保地基有足够的承载力,避免脚手架发生整体沉降或局部沉降,特别是不均匀沉降。

1) 脚手架的地基

① 一般要求。

A. 脚手架地基应平整夯实,若为回填土,应按规定分层夯实,达到密实度要求。

B. 脚手架的钢立杆不能直接立于土地面上,应加设底座和垫板(或垫木),垫板(木)厚度不小于50mm;不得在未经处理的起伏不平和软硬不一的地面上直接搭设脚手架。

C. 遇有坑槽时,立杆应下到槽底或在槽上设底梁(一般可用枕木或型钢梁)。

D. 脚手架地基应有可靠的排水措施,防止积水浸泡地基。

E. 脚手架旁有开挖的沟槽时,应控制外立杆距沟槽边的距离。当架高在 30m 以内时,不小于 1.5m;架高为 30~50m 时,不小于 3.0m。当不能满足上述距离时,应验算土坡承受脚手架的能力,不足时可加设挡土墙或其他可靠支护,避免槽壁坍塌危及脚手架安全。

F. 位于通道处的脚手架底部垫木(板)应低于其

两侧地面,并在其上加设盖板,避免扰动。

② 做法

A. 30m 以下的脚手架,其内立杆大多处在墙基回填土之上。回填土必须严格分层夯实。垫木宜采用长 2.0~2.5m、宽不小于 200mm、厚 50~60mm 的木板,垂直于墙面放置,在脚手架外侧挖一条浅排水沟排除雨水(图 2-2-12)。

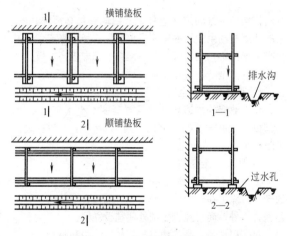

图 2-2-12 普通脚手架的基底

B. 高层脚手架的基础做法为(图 2-2-13):采用枕木支垫;在地基上加铺 200mm 厚碎石后铺混凝土预制块或硅酸盐砌块,在其上沿纵向铺放 12~16 号槽钢,将脚手架立杆坐在槽钢上。

2) 脚手架的扫地杆

扫地杆是指在立杆下脚绑扎的纵向和横向的水平杆,一般离下脚面不超过 200mm。横向扫地杆应紧靠

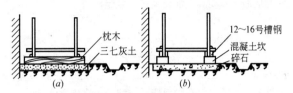

图 2-2-13 高层脚手架的基底
(a) 垫枕木;(b) 垫槽钢

纵向扫地杆下方固定在立杆上。扫地杆是必须绑扎的,它的功能是约束立杆底脚所发生的位移和用来避免或减少脚手架的不均匀沉降,在扫地杆下部应垫塞木板。

(7) 安全防护设置要求

1) 作业层的安全防护

在作业层外侧边缘必须设置高度不小于 200mm 的挡脚板和 2 道护身栏,上栏杆高 1.2m,上下栏杆之间净距应小于 500mm。

2) 脚手架全高防护

① 全封闭或半封闭防护。阻止人和物从高处坠落的措施,除了在作业面正确铺设脚手板和安装防护栏杆和挡脚板外,尚可在脚手架外侧挂设立网。

对高层建筑、高耸构筑物、悬挑结构和临街房屋最好采用全封闭的立网。立网可以采用塑料编织布、竹篾、席子、篷布,还可采用小眼安全网。这样可以完全防止人员从脚手架上闪出和坠落。

立网亦可以半封闭设置,即仅在作业层设置,但立网的上边高度距作业面应有 1.2m。

② 安全平网防护。脚手架不能采用全封闭立网时,应该设置能用于承接坠落人和物的安全平网,使高处坠落人员能安全软着陆。对高层房屋,为了确保安全则应

设置多道防线,安全平网有下列两种:

A. 首层网。在离地面 4m 处设立的第一道安全网。

B. 层间网。当房屋层数较多,施工作业已离地面较高时,尚需每隔 3~4 层设置一道层间网,网的外挑宽度为 2.5~3m(图 2-2-14)。

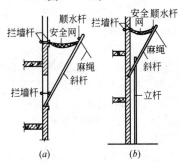

图 2-2-14 安全网支搭
(a) 墙面有窗口的安全网支搭;
(b) 墙面无窗口的安全网支搭

③ 挑、挂架防护。外立面采用立网或其他挡护材料进行全封闭,在架下每隔 4~6m 设置层间网。

④ 吊架防护。吊篮全封闭和安全绳防坠落,其他吊架下满设安全平网。

3) 施工现场周围防护

设置安全通道和运输通道,防止高空坠落物品伤人。通道顶应满铺脚手板或能承接落物的板篷材料。篷顶临街一侧应设高于篷顶不小于 0.8m 的挡墙,以免落物反弹到街上。

(8) 脚手架的允许荷载及保安期限

1) 允许荷载

脚手架允许荷载必须按规范规定的荷载使用，严禁超载。

① 作业层上的荷载。当无设计规定时，应按规范的规定值控制。即结构施工脚手架不超过 $3kN/m^2$，不超过二层同时作业；装修施工脚手架不超过 $2kN/m^2$，不超过三层同时作业；维护脚手架不超过 $1kN/m^2$。

② 架面荷载应力求均匀分布，避免荷载集中于一侧。

③ 垂直运输设施与脚手架之间转运平台的铺板层数量和荷载控制应按施工组织设计的规定执行，不得任意增加铺板层的数量和在转运平台上超限堆放材料。

④ 预制构件不得存放在脚手架上。

2) 保安期限

脚手架的保安期限实际上就是利用脚手架进行单项或多项单位工程施工的时间。如结构施工脚手架，随结构施工进度搭设，待结构施工完毕，脚手架开始拆除，在这段时间内必须保证脚手架的使用安全。

3 脚手架施工

3.1 落地式脚手架施工

3.1.1 扣件式钢管脚手架施工

(1) 搭设和拆除

1) 扣件式外脚手架（图 2-2-1）的搭设顺序是：

做好搭设的准备工作→按房屋的平面形状放线→铺设垫板→按立杆间距排放底座→放置纵向扫地杆→逐根树立立杆，随即与纵向扫地杆扣牢→安装横向扫地杆，并与立杆或纵向扫地杆扣牢→安装第一步大横杆（与各立杆扣牢）→安装第一步小横杆→第二步大横杆→第二步小横杆→加设临时抛撑（上端与第二步大横杆扣牢，在装设 2 道连墙杆后可拆除）→第三、四步大横杆和小横杆→设置连墙杆→接立杆→加设剪刀撑→铺脚手板→绑护身栏杆和挡脚板→立挂安全网→……

2) 扣件式外脚手架，无论是双排脚手架还是单排脚手架，其拆除顺序和搭设顺序相反，即先搭的后拆，后搭的先拆，先从钢管脚手架顶端拆起。

拆除顺序为：安全网→护身栏→挡脚板→脚手板→小横杆→大横杆→立杆→连墙杆→纵向支撑→……

(2) 安装搭设要求

1) 杆件交会节点做法

① 立杆与纵向平杆或横向平杆的正交节点采用直角扣件。当脚手板铺于横向平杆之上时，立杆应与纵向

平杆连接，横向平杆置于纵向平杆之上（贴近立杆）并与纵向平杆连接（图3-1-1）。

② 杆件之间的斜交节点采用旋转扣件。凡计算简图中由平杆、立杆和斜杆交会的节点，其旋转扣件轴心距平、立杆交会点应不大于150mm（图3-1-2）。

 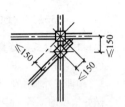

图3-1-1 扣件式脚手架的中心节点
1—立杆；2—纵向平杆；
3—横向平杆；4—直角扣件

图3-1-2 斜交节点

2) 立杆接长

① 对接。立杆对接接头应错开布置，相邻立杆接头不得设于同步内，错开距离不小于500mm，立杆接头与中心节点相距不大于$h/3$（图3-1-3）。

② 搭接。用旋转扣件连接，扣件间距不得小于300mm和不大于500mm，扣件数量按其总抗滑力设计值（每个8.5kN）乘以2倍安全系数确定，且搭接长度不得小于800mm，连接（扣件）不得少于3道（图3-1-4）。

③ 单、双立杆连接。高层脚手架的立杆采用上单下双时，下部的两根钢管必须用直角扣件与大横杆扣紧，以保证两根钢管共同工作，不得只扣一根，以避免其自由变形长度成倍增加。

图 3-1-3 立杆对接

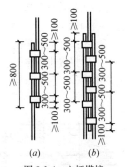

图 3-1-4 立杆搭接
(a) 1—1搭接；(b) 2—1搭接

单杆和双杆的连接构造有两种（图 3-1-5）：

A. 上部单立杆是由下部双立杆中的一根延伸而成。该杆应按承受全部上立杆（单立杆部分）荷载的 70% 和下部荷载（双立杆部分）的一半来考虑。

B. 上部单立杆同时和下部两根双立杆搭接。上部单立杆支承在小横杆上，小横杆则置于下部双立杆之间。搭接部分用不少于 3 道旋转扣件（扣在立杆上），且 3 道扣件紧接，以加强对大横杆支持力。这种连接方式下的两根立杆的荷载可按平均分担考虑。

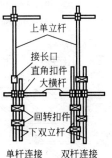

图 3-1-5 单立杆和双立杆的连接方式

3）大、小横杆和斜杆接长

① 大横杆

A. 大横杆的长度不宜小于3跨,且不小于6m。立杆和大横杆必须用直角扣件扣紧,不得遗漏。

B. 大横杆最好采用对接扣件连接。

C. 对接接头应错开,上下邻杆接头不得设在同跨内,相距不小于500mm,且应避开跨中(图3-1-6)。

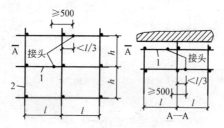

图3-1-6 纵向水平杆的对接构造
1—纵向水平杆;2—立杆

② 小横杆

A. 小横杆搭于大横杆上(图3-1-7),用直角扣件扣紧,对贴近立杆的小横杆,也要紧固在立杆上。

B. 在任何情况下不得拆除贴近立杆的小横杆。

③ 斜杆

A. 斜杆的搭设是将一根斜杆扣在立杆上。另一根斜杆扣在小横杆的伸出部分上。这样可以避免两根斜杆相交时把钢管别弯。

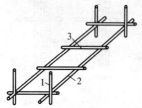

图3-1-7 小横杆的搭设
1—立杆;2—大横杆;3—小横杆

B. 斜杆用扣件与脚手架扣紧的连接头两端距脚手架节点(即立杆和横杆的交点)不大于200mm。除两端扣紧外，中间尚需增加2~4个扣节点。

C. 斜杆的最下面一个连接点距地面不宜大于500mm，以保证脚手架的稳定。

D. 斜杆的接长宜采用对接扣件的对接连接，当采用搭接时，搭接长度不小于400mm，并用两只旋转扣件扣牢。

4）注意事项

① 立杆安装注意事项

A. 不同规格的钢管严禁混合使用。

B. 注意立杆长短的搭配，以使相邻两立杆的对接接头相互错开，不在同一间距和步距内。

C. 立杆的搭接长度应不小于1m，不少于2个旋转扣件固定。

D. 安装立杆要先竖里排立杆，后竖外排；先竖两端立杆，后竖中间。

E. 在立杆竖立后，要及时搭设大、小横杆和连墙杆（或临时斜撑杆），以防发生事故。

② 大、小横杆安装注意事项

A. 大横杆要注意长短搭配，使接头相互错开，不能在同步、同跨内。

B. 封闭型脚手架，在同一步大横杆周围必须四周交圈，用直角扣件与内、外立杆固定。

C. 双排脚手架的小横杆靠墙一侧至墙面的距离不大于100mm。

D. 单排脚手架的小横杆不应设置在下列部位：

a. 砖过梁上与过梁成60°角的范围内；

b. 梁或梁垫下及其左右各500mm的范围内和墙体转角处的240mm范围内；

c. 在门窗洞口两侧 3/4 砖的范围内及宽度小于 1m 的窗间墙上和宽度小于 480mm 的砖柱上；

d. 设计上不允许留脚手架眼的部位。

③ 扣件安装注意事项

A. 扣件规格必须与钢管规格相同。

B. 对接扣件的开口应朝下或朝内，以防雨水进入。

C. 大横杆与立杆连接的直角扣件要开口朝上，以防止在扣件螺纹滑丝时脱落。

D. 各杆件端头伸出扣件盖板边缘的长度不应小于 100mm。

E. 扣件螺栓拧紧扭力矩不应小于 40N·m，并不大于 60N·m。

(3) 几项特殊设置

1) 斜道

① 斜道分人行、运料兼用斜道（简称"斜道"、"坡道"）和专用运料斜道（简称"运料斜道"、"运料坡道"）。如图 3-1-8 所示。

② 普通斜道宽度应不小于 1.0m，坡度宜采用 1：2.5～3.5（高：长）；运料斜道宽度应大于 1.2m，坡度宜采用 1：5～6。附着于脚手架的斜道，一字形斜道只宜在高 3m 以下的脚手架上采用，高 6m 以上的脚手架宜采用之字形斜道。

③ 一字形普通斜道的里排立杆可以与脚手架的外排立杆共用，之字形普通斜道和运料斜道因架板自重和施工荷载较大，其构架应单独设计和验算，以确保使用安全。

④ 运料斜道立杆间距不宜大于 1.5m，且需设置足够的剪刀撑或斜杆，确保构架稳定、承载可靠。

⑤ 注意事项：

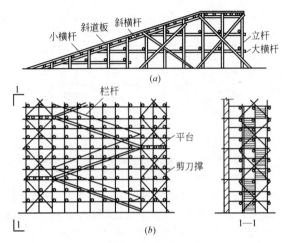

图 3-1-8 斜道
(a) 一字形斜道；(b) 之字形斜道

A. "之"字形斜道部位必须在斜道转向或中部竖线上自下而上设置连墙杆，连墙杆竖向间距不大于楼层高度。

B. 斜道两侧和休息平台外围均按规定设置挡脚板和栏杆。

C. 脚手板的支承跨度，普通斜道为 0.75～1.0m；运料斜道为 0.5～0.75m。

D. 斜道脚手板上必须设防滑条，防滑条间距不大于300mm。采用搭接法铺脚手板时，接头必须在小横杆上，搭接长度不小于200mm，板头凸处用三角木填顺；脚手板采用对接时，接头处下面应设 2 根小横杆。

2) 洞口

为了施工方便和不影响通行和运输，应将施工时需通行的门洞口的立杆抽走（图 3-1-9）。

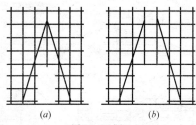

图 3-1-9 洞口

① 洞口上的立杆从洞口上的大横杆开始绑扎。

② 洞口上的内外大横杆可用两根钢管加强。

③ 脚手架内外两侧在洞口边要加设人字形斜撑,斜撑与地面成 60°夹角。斜撑应与洞口上的立杆和大横杆绑扎牢固,使立杆上所传来的荷载通过斜撑传递到地基。

④ 洞口两侧的立杆,可用双钢管加强。

3) 凸出部位的处理

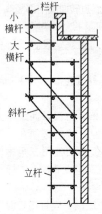

图 3-1-10 挑檐的脚手架

凸出部位可采用斜杆将脚手架挑出,形成挑脚手架。斜杆应在每根立杆上挑出,与水平面夹角不得小于 60°。斜杆两端均应交于立杆与大横杆、小横杆的节点处。挑脚手架最外排立杆与原脚手架的两排立杆,至少应连续设置 3 道平行的大横杆。挑脚手架挑出部分高度不超过两步架,挑出部分的宽度和斜杆间距,均不得大于 1.5m,其小横杆间距不得大于 1m,两端必须绑牢。使用荷载不得超过 1000N/m²。如图 3-1-10 所示。

4）卸载

当脚手架承受的荷载过大时，可采用卸载的措施将部分荷载传给主体结构承受。卸载装置可分为下撑式桁架（图 3-1-11）或斜拉式桁架（图 3-1-12），卸荷层要设水平支撑，上下两层要增设连墙杆。

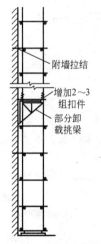
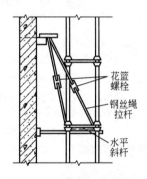

图 3-1-11　下撑式桁架卸载　　图 3-1-12　斜拉式桁架卸载

5）封顶

脚手架封顶时，为了保证施工时的安全，外排立杆高度必须超过房屋檐口的高度，并要绑扎 2 道护身栏和 1 道挡脚板，立挂安全网。房屋外立杆的高度要超出女儿墙顶 1m，对坡屋顶必须超过檐口 1.5m。内排立杆只要低于檐口底 150～200mm。在最上一排连墙杆上部的自由高度不大于 4m。

6）边坡扫地杆设置

当立杆的基底不在同一高度上时,必须将高处的纵向扫地杆向低处延长 2 跨与立杆固定,靠边坡的立杆轴线到边坡的距离不应小于 500mm,如图 3-1-13 所示。

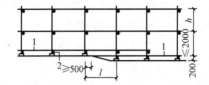

图 3-1-13 边坡的扫地杆布置
1—纵向扫地杆;2—横向扫地杆

7) 满堂红脚手架

满堂红脚手架系指室内平面满设的、纵、横向各超过 3 排立杆的整块形落地式多立杆脚手架,用于装修作业,亦可用于大面积楼板模板的支撑。

满堂红脚手架的一般构造形式如图 3-1-14 所示。满堂红脚手架也需设置一定数量的剪刀撑或斜杆,以确保在施工荷载偏于一边时,整个架子不会出现变形。

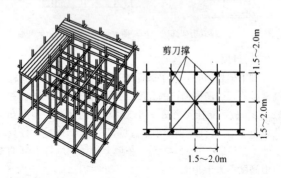

图 3-1-14 满堂红脚手架

3.1.2 碗扣式钢管脚手架施工

（1）特点

碗扣式脚手架是采用定型钢管杆件和碗扣接头连接的承插式多立杆脚手架。是一种新型多功能脚手架。

碗扣式钢管脚手架与扣件式脚手架的不同之处是：

1）杆件定型。如碗扣按 0.6m 的间距固定于立杆上，横杆仅有几种固定的规格。故在构架尺寸上不能像扣件式钢管脚手架那样随意。但经适当组织仍有足够的灵活性，可满足施工的需要。

2）杆件是轴心相交，节点处为紧固式承插接头。由于接头构造合理，结构受力性能好，比扣件式钢管脚手架具有更强的承载能力。

3）除设置剪刀撑外，还按一定要求设置斜杆。这些斜杆与基本构架的连接十分牢固，因而使其整体稳定性比扣件式脚手架有明显的改善和提高。

由于碗扣式脚手架的承载能力和整体稳定性均优于扣件式脚手架，故其允许搭设高度亦比扣件式脚手架高。

脚手架搭设高度的一般规定见表 3-1-1 和表 3-1-2。

扣件式、碗扣式钢管脚手架允许搭设高度

表 3-1-1

脚手架种类	单排脚手架(m)	双排脚手架(m)
扣件式钢管脚手架	25	50
碗扣式钢管脚手架	30	60

（2）安装搭设顺序

应从中间向两边或两层同一方向进行搭设，不得采用两边向中间合拢的方法搭设。

碗扣式钢管脚手架搭设一般规定

表 3-1-2

序号	项目名称	规 定 内 容
1	架设高度(H)	$H \leqslant 20m$ 的普通脚手架按常规搭设；$H > 20m$ 的脚手架必须作出专项施工设计，并进行结构验算
2	荷载限制	砌筑脚手架不大于 $2700N/m^2$；装修脚手架为 $1200 \sim 2000N/m^2$ 或按实际情况考虑
3	基础做法	基础应平整、夯实，基本在一个标高上，并有排水措施；立杆应设有底座，并用 $0.05m \times 0.2m \times 2m$ 的木脚手板通垫；$H > 40m$ 的脚手架应进行基础验算，并确定铺垫措施
4	立杆纵距	一般为 $1.2 \sim 1.5m$，超过此值应进行验证
5	立杆横距	$\leqslant 1.2m$
6	纵向水平杆间距(即步距)	砌筑脚手架不大于 $1.2m$；装修脚手架不大于 $1.8m$
7	立杆垂直偏差	$H \leqslant 30m$ 时，$\leqslant 1/500$ 架高；$H > 30m$ 时，$\leqslant 1/1000$ 架高
8	架高范围内垂直作业要求	铺设板不超过 $3 \sim 4$ 层，砌筑作业不超过 1 层，装修作业不超过 2 层
9	横向水平杆间距	砌筑脚手架不大于 $1m$；装修脚手架不大于 $1.5m$
10	作业完毕后，横向水平杆保留程度	靠立杆处的横向水平杆全部保留，其余可拆除
11	剪刀撑	沿脚手架转角处往里布置，每 $4 \sim 6$ 根为一组，与地面夹角成 $45° \sim 60°$

续表

序号	项目名称	规定内容
12	与结构拉结	每层设置,垂直距离不大于 4.0m,水平距离为 4.0~6.0m
13	垂直斜拉杆	在转角处向两端布置 1~2 个廊间
14	护身栏杆	高为 1m,并设 $h=0.25m$ 的挡脚板
15	连接件	凡 $H>30m$ 的高层脚手架,下部 $\frac{1}{2}$ 均用齿形碗扣

注:1. 立柱间距的选择:常用纵向间距为 1.5m,横向间距为 1.2m。$H \leqslant 20m$ 的装修脚手架,纵向间距可扩大至 1.8m;高层脚手架 $H>40m$ 时,纵向间距采用 1.2m 为宜。
  2. 搭设高度与立杆间距的关系:当立杆纵、横向间距为 1.5m×1.2m 时,架高 H 不宜超过 50m;为 1.2m×1.2m 时,H 应控制在 60m 左右;更高的脚手架必须分段搭设。
  3. 脚手架应与建筑物施工高度同步上升,其超过已施工部分的高度应为 6~7m,且不应铺设脚手板;否则,应做风载试验。

搭设具体顺序为:安放立杆底座或可调底座→竖立杆、设置扫地杆→安装第一步横杆→安装斜杆→接头销紧→铺脚手板→立杆接长→扣紧立杆连接销→安装上层横杆→安装上层斜杆→接头销紧→设置连墙杆→设置人行梯→设置剪刀撑→设挡脚板、护身栏→挂设安全网。

(3) 安装搭设要求

1) 地基基础要求

地基一般采用分层夯实找平和用方木垫座,并做好排水处理,方木垫座必须用钉子固紧底座,高低不平地基可仅在支座点局部整平加固。见表 3-1-3。

2) 立杆搭设

① 立杆底部要放在立杆垫座上,垫座的支承面积为 150mm×150mm。

地基处理要求 表 3-1-3

项次	项目	要 求
1	脚手架高度 30m 以下	脚手架立杆垫板采用长为 2.0~2.5m，宽大于 200mm，厚为 50~60mm 木板，并垂直于墙面放置。如用长 4m 左右的垫板时，应与墙面平行放置
2	脚手架高度 大于 30m	地基为回填土时，要求除夯实外，还应采用枕木支垫，或在地基土上加铺 200mm 厚的碎石，再在其上面铺设混凝土预制板，然后沿纵向仰铺 12~16 号槽钢，最后将脚手架立杆坐于槽钢上
3	脚手架高度 大于 50m	在地面下 1m 深处用 3:7 灰土进行逐层夯实，再在其上浇筑厚 50cm 的混凝土。待混凝土达到一定强度后，再铺设枕木搭设脚手架

② 立杆有 1.8m 和 3.0m 两种。在设置底层立杆时，应该采用 3.0m 和 1.8m 两种不同长度立杆相互交错、参差布置（图 3-1-15），上面各层均采用 3.0m 长立杆接长（或同一层用一种规格立杆，最后找齐）。顶部再用 1.2m 长立杆找齐，以避免立杆接头处于同一水平面上。

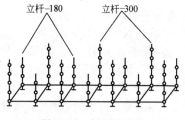

图 3-1-15 底层立杆布置

③ 搭设时要求内立杆离墙面为350～450mm。在装立杆的同时,应及时设置扫地杆,将立杆连接成一个整体,以保证框架的整体稳定。

④ 若脚手架设在地势不平的场地上,可以采用立杆可调支座来调整高差。当相邻立杆地面高差小于0.6m,可直接用立杆可调底座调整立杆高度,使立杆碗扣接头处于同一水平地面内;当相邻立杆地面高差大于0.6m时,则先调整立杆节间(即对于高差超过0.6m的地面,立杆相应增长一个节间0.6m),使同一层碗扣接头高差小于0.6m,再用立杆可调底座调整高度,使其处于同一水平面内,如图3-1-16所示。

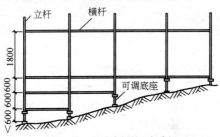

图3-1-16 坡地底层的立杆布置

⑤ 立杆的接长是靠焊在立杆顶端的连接管承插而成。立杆插好后,使上部立杆底端连接孔同下部立杆顶端连接孔对齐,插入立杆连接销并锁定即可。第二层上各层均采用3m长立杆接长,立杆接头应错开,顶部再用1.8m长立杆找平齐。

3) 横杆搭设

① 横杆与立杆的连接是将横杆接头的下半部分卡扣插入下碗扣的凹槽内,将上碗扣沿限位销滑下扣在横杆接头的上部分卡扣上,再将上碗扣顺时针旋转,锤击

几下，上碗扣即被锁紧。由于不带螺纹，只要用小锤敲打几下即能达到紧扣和松扣的效果。

碗扣接头可以同时连接四个横杆，横杆可以相互垂直或偏转一定角度。如图 2-1-6 所示。

② 两榀横向承力结构之间的距离是由定型的横杆尺寸确定的。可以根据房屋的结构、作用在脚手架上荷载的大小等具体要求选用。一般 0.9m、1.2m 用于重荷载作业；1.5m、1.8m 用于砌砖、支模等结构工程；2.4m 用于作用荷载轻的装修、维护等工程。

③ 对一般方形平面建筑物的外脚手架，拐角处两直角交叉的构架要连在一起，以增强脚手架的整体稳定性。

连接形式有两种。一种是直接拼接法，当两排脚手架刚好整框垂直相交时，可直接将两垂直方向的横杆连接在一碗扣接头内，从而将两排脚手架连在一起，如图 3-1-17（a）所示；另一种是直角搭接，当受建筑物尺寸限制，两垂直方向脚手架非整框垂直相交时，可用直角撑实现任意部位的直角交叉。连接时，一端和脚手架横杆装在同一接头内，另一端卡在相垂直的脚手架横杆上，如图 3-1-17（b）所示。

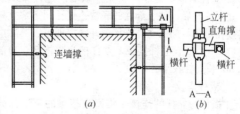

图 3-1-17 直角交叉构造
(a) 直接拼接法；(b) 直角搭接法

④ 双排脚手架的横杆是定型的。其跨度有 0.9m 和 1.2m 两种。考虑结构工程和装修工程的不同要求，作业面的宽度要根据不同情况作一定的调整，碗扣式脚手架通过用悬挑杆件来调整。悬挑杆件有两种：一种是 300mm 的挑梁，一种是 600mm 的三角形悬挑托架（图 3-1-18）。通过附加悬挑杆件可以组成 4 种宽度，即 900mm、1200mm、1200＋300＝1500mm、1200＋600＝1800mm。这些宽度能满足不同功能的要求。悬挑杆件只可作为施工人员的活动平台，不能用来堆放材料等重物。为了平衡悬挑杆件加在脚手架上的弯矩，在设置悬挑杆件的上下两层横杆层上要加设连墙杆，当 600mm 悬挑托架设置在脚手架外侧时，要在外侧处插上立杆并设置防护栏杆。

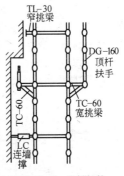

图 3-1-18 悬挑杆件

⑤ 当组装完两层横杆后，首先应检查并调整水平框架（同一水平面上的 4 根横杆）的直角度和纵向直线度；其次，应检查横杆的水平度，并通过调整立杆的可调底座使横杆间的水平偏差小于 $L/400$（L 为框架长度），纵向直线度偏差小于 $L/200$，直角度偏差小于 $3.5°$；同时，应逐个检查立杆底脚，看是否有浮放、松动的情况，如有不平或松动，应旋紧可调底座或用薄铁板调整垫实。

⑥ 脚手架搭设到 3～5 层高时，应用经纬仪检查横杆的水平度和立杆的垂直度（立杆的垂直度应控制在

30m以下为1/200,在30m以上为1/400~1/600,且全高应不大于100mm)。如发现超过允许偏差时,立即采取措施进行修整,待符合要求后,方可继续往上搭设。

4) 连墙杆设置

① 连墙杆的连接件,如图3-1-19所示。

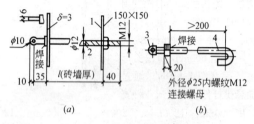

图 3-1-19 连墙杆预埋连接件

(a) 砖墙连接件；(b) 混凝土预埋钢筋

1—墙板；2—螺杆；3—接头螺栓；4—预埋钢件

② 连墙杆与建筑物的固定方法,见表3-1-4。

连墙杆与建筑物固定方法　　表 3-1-4

项次	项目	说　　明
1	与砖墙固定	在砌砖墙时,预先在砖缝中埋入螺栓,然后将框架用连墙杆与之相连,如图 3-1-20 (a)所示
2	与混凝土墙体固定	在结构施工时,按照脚手架施工组织设计要求预先埋入钢件,外带接头螺栓,组架时将框架与接头螺栓固定,如图3-1-20 (b)所示
3	用膨胀螺栓固定	在结构上按设计位置用射枪射入膨胀螺栓,然后将框架与膨胀螺栓固定,如图 3-1-20(c)所示

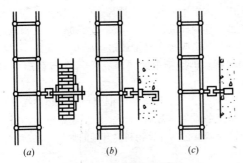

图 3-1-20 连墙杆的固定
(a) 砖墙缝螺栓固定；(b) 混凝土预埋件固定；
(c) 膨胀螺栓固定

③ 连墙杆设置要求。

A. 建筑物的每一楼层都必须设有连墙杆。连墙杆应随脚手架的升高及时设置，不得后补或任意拆除。

B. 连墙杆与脚手架连接采用碗扣式接头，连墙杆设置应尽量采用梅花形布置方式。另外，当设置宽挑梁、提升滑轮、安全网支架、高层卸荷拉结杆等构件时，应增设连墙杆，对于物料提升架也要相应地增设连墙杆数目。

连墙杆尽量连接在横杆层碗扣接头内，同脚手架、墙体保持垂直。设置时要注意调整间隔，使脚手架竖向平面保持垂直。

C. 安装连墙杆时，应先检查预埋件或膨胀螺栓是否与结构连接牢固，连接不好应不进行连墙杆安装，并调整脚手架与墙体的间距，使脚手架保持垂直或略向建筑物倾斜（不超过 0.1m），严禁向外倾斜。

D. 连墙杆一般应呈梅花状排列，相邻连墙点的垂直距离不大于4.0m,水平距离不大于4.5m。在一般风力地区,连墙杆应在4跨3层(约30～40m²)范围内设置一个。当脚手架高度超过30m时,底部连墙杆应适当加密。单排脚手架要求在2跨3步范围内布置一个。

E. 凡设置安全网支架的框架层位,必须在该层的上下节点各设置连墙杆一个。凡设置宽挑梁、提升滑轮、高层卸载拉结杆及物料提升架的地方,均应增设连墙杆。

5) 斜杆和剪刀撑支设

① 斜杆的安装

A. 各种斜杆在横杆安装的同时同步安设。斜杆的长度是定型的,不同尺寸的构架应配备相应不同长度的斜杆,见表3-1-5所列。

不同尺寸框架配用的斜杆长度　　表 3-1-5

框架尺寸(m)	斜杆长度(mm)
1.2×1.2	1697
1.2×1.8	2163
1.8×1.8	2546
1.8×2.4	3000

B. 斜杆和立杆的连接方法与横杆与立杆的连接方法相同。斜杆应尽量与脚手架节点相连,装成节点斜杆,即斜杆接头同横杆接头装在同一碗扣接头内,如图3-1-21所示。若斜杆接头不能布置在节点上,可按图3-1-22所示,采取错节扣接,装成非节点斜杆。

C. 合理地布置纵向斜杆能有效地提高脚手架的承载力,增强整体稳定性,保证施工安全。斜杆的架子面积与整架面积的比值见表3-1-6所列。

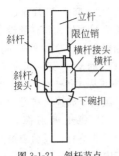

图 3-1-21 斜杆节点

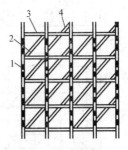

图 3-1-22 斜杆布置
1—立杆；2—节点斜杆；
3—横杆；4—非节点斜杆

设置纵向斜杆的架子面积与整架面积的比值

表 3-1-6

架高(m)	设 置 比 值
<30	>1/4
30～50	>1/3
>50	>1/2

D. 在脚手架的拐角边缘与端部必须设置纵向斜杆，中间部分则可均匀地间隔布置。

E. 在横向框架内设置斜杆，对于提高脚手架的稳定强度尤为重要。高度在 30m 以下的脚手架可不设斜杆；高度在 30m 以上的脚手架，中间应每隔 5～6 跨设置一道沿全高连续设置的廊道斜杆；高层和重载脚手架，除按构造要求设置斜杆外，还应搭设廊道斜杆。用碗扣式斜杆设置横向斜杆时，除脚手架两端框架可设成节点斜杆外，中间框架只能设成非节点斜杆，横向斜杆的布置应与连墙杆相对应。

② 剪刀撑安装

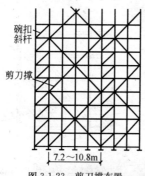

图 3-1-23 剪刀撑布置

A. 竖向剪刀撑的设置应与碗扣式斜杆的设置相配合,一般高度在 30m 以下的脚手架,可每隔 4~6 跨(立杆间距)设置一组沿全高连续搭设的剪刀撑,每道剪刀撑跨越 5~7 根立杆,设剪刀撑的跨内不再设碗扣式斜杆;对于高度在 30m 以上的高层脚手架,应沿脚手架外侧以及全高方向连续设置,两组剪刀撑之间用碗扣式斜杆。其设置构造如图 3-1-23 所示。

B. 纵向水平剪刀撑可增强构架纵向的整体性。对于 30m 以上的高层脚手架,应每隔 3~5 步架设置一连续的闭合的纵向水平剪刀撑。

C. 为了增强脚手架的横向刚度,脚手架内还需设置横向支撑。

对于一字形及开口形脚手架,应在两端横向承力结构内由底到顶沿全高连续设置节点斜杆作为横向支撑,保证端头有足够的横向刚度。

D. 对于高度超过 30m 的脚手架,除端头外,中间每隔 5~6 道架距,应由底到顶沿全高连续设置横向支撑,中间部分所设置的斜杆只能用非节点斜杆。

对高度低于 30m 的脚手架,除端头要设置横向支撑外,中间部分可以不设横向支撑。

6) 安全网支设

一般沿脚手架外侧要满挂封闭式安全网,立网应与脚手架立杆、横杆绑扎牢固,绑扎间距小于0.30m。

7) 脚手板铺设

① 脚手板可用与碗扣式脚手架配套的钢脚手板(图3-1-24),亦可使用其他类型的通用脚手板,如木、竹脚手板、普通钢脚手板。

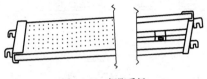

图3-1-24 钢脚手板

② 脚手板除在作业层设置外,还必须在每隔10m高度设置一层,以防高空坠落物伤人。

③ 作业层的脚手板应满铺。当采用配套设计的钢脚手板时,钢脚手板的挂钩必须完全挂在横杆上,不允许浮放。

④ 木脚手板的两端应搁在搭边横杆的翼边上,不得浮搁,前后窜动量控制在5mm以内。

⑤ 作业层的脚手板框架外侧必须增设护栏和0.18m高的挡脚板;护身栏杆防护高度不得低于1m,可用横杆在立杆0.6~1.2m高的碗扣接头处搭设2道。

8) 斜道与人梯搭设

① 斜脚手板可作为行人及车辆的栈道,一般限定在1.8m跨距的脚手板上使用,升坡为1:3。在斜道板框架两侧,应该设置横杆和斜杆作为扶手和护栏。构造如图3-1-25所示。

② 架梯设在1.8m×1.8m的框架内,用挂钩直接挂在横杆上。人行梯转角处的水平框架要铺设脚手板,

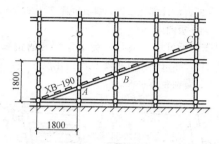

图 3-1-25 斜脚板的布置

注：A、B、C 等挂钩点上必须增设横杆

在立面框架上安装斜杆和横杆作为扶手。其构造如图 3-1-26 所示。

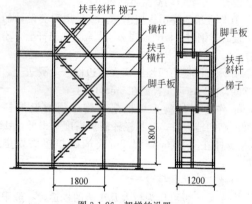

图 3-1-26 架梯的设置

9）注意事项

① 立杆接头必须相互错开布置。

② 组装时应从中间向两边或两层同一方向进行，不得从两边向中间合拢组装，否则中间杆件难以安装。

③ 连墙杆应随脚手架的搭设而随时按规定设置,不得随意拆除。

④ 支撑架的横杆必须对称设置。

⑤ 斜杆不得随意拆除。如需要临时拆除,须严格控制拆除数量,待操作完后,应及时重新安装好。高层脚手架的下部斜杆不能拆除。

⑥ 脚手架应随建筑物升高而随时设置,一般不超出建筑物两步架。

⑦ 单排横杆插入墙体后,应将夹板用榔头击紧,不得浮动。

(4) 碗扣式钢管脚手架的拆除

1) 脚手架拆除前,应由工程负责人对脚手架做全面检查,制定拆除方案。在清除所有多余物体,确认可以拆除后,方可实施拆除。

2) 拆除脚手架时,必须划出安全区,设警戒标志,并设专人看管拆除现场。

3) 脚手架拆除应从顶层开始,先拆水平杆,后拆立杆,逐层往下拆除,禁止上下层同时或阶梯形拆除。

4) 禁止在拆架前先拆连墙杆。

5) 局部脚手架如需保留时,应有专项技术措施,经上一级技术负责人批准,安全部门及使用单位验收,办理签字手续后方可使用。

6) 拆除后的部件均应成捆,用吊具送下或人工搬下,禁止从高空往下抛掷。构配件应及时清理、维护,并分类堆放、保管。

3.1.3 门式钢管脚手架施工

(1) 特点

主要特点是组装方便,可调节高度,特别适用于搭设使用周期短或频繁周转的脚手架。但由于组装件接头大部分不是紧固性强的螺栓连接，而是插销或扣搭形式的连接，因此搭设较高大或荷重较大的支架时，必须用附加钢管来拉结紧固，否则会摇晃不稳。且架上不宜走手推车。

这种脚手架搭设高度一般限制在 45m 以内，采取一定措施后可达 80m 左右。架高在 40~50m 范围内，可两层同时操作；架高在 19~38m 范围内，可三层同时操作；架高在 17m 以下，可四层同时作业。

图 3-1-27 为门式钢管脚手架组成图。

(2) 搭设工艺流程

铺设垫木（板）→安放底座→自一端起立门架并立即装交叉支撑→安装水平架（或脚手板）→安装梯子→安装水平加固杆→设置连墙杆→重复步骤向上安装→按规定位置安装剪刀撑→装配顶部栏杆→立挂安全网。

(3) 搭设要求

1) 门架的选型应根据建筑物的形状、尺寸、高度和施工荷载、作业情况等条件确定，并绘制搭设构造、节点详图，供搭设人员使用。

2) 不同规格的门架由于尺寸、高度不同，不得混用。

3) 门式脚手架在垂直方向的连接是在上下门架的立杆之间插入连接棒。在搭设时连接棒表面应涂油，以防止使用期间锈蚀，难以拔出。

上、下门架立杆应在同一轴线位置上，以使门架传力均匀、准确，减少偏心。当门架立杆与连接棒配合过松、间隙较大时，应使连接棒居中安装，使轴线偏离不大于 2mm，以使连接棒能均匀传递荷载。

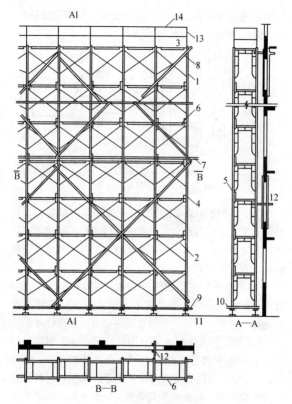

图 3-1-27 门式钢管脚手架的组成

1—门架；2—交叉支撑；3—挂扣式脚手板；4—连接棒；5—锁臂；
6—水平架；7—水平加固杆；8—剪刀撑；9—扫地杆；10—封口杆；
11—可调底座；12—连墙杆；13—栏杆柱；14—栏杆扶手

4）门式脚手架高度超过 10m 或用于模板支撑架、满堂红脚手架等，承受较大偏心荷载时，为了保证上下门架之间连接可靠，在上下门架连接处尚需设法拉牢。具体措施如图 3-1-28 所示。

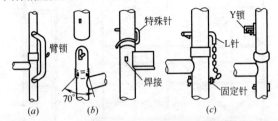

图 3-1-28 连接销方式
(a) 臂锁式；(b) 回转式；(c) 插针式

5) 可调底座或固定底座下面的垫板必须铺好，地基要夯实，垫板与地面接触紧密。门式脚手架使用时间超过 3 个月时，应用铁钉与垫板钉牢。当地基承载力较低时，宜选用可调底座。

6) 当脚手架高度大于 45m 时，应每步门架设置 1 道水平撑杆。当脚手架高度不大于 45m 时，可每 2 步架设置 1 道水平撑杆，并应在同一层面内连续设置。

7) 脚手架内外侧水平加固杆，采用 $\phi 48$ 钢管与门架的立杆用扣件连接牢固，最下面 3 步要每步设置 1 道，3 步以上每隔 3 步架高设置 1 道。水平加固杆是连续通长设置的，形成水平封闭圈，对脚手架起到了一个环箍作用。如图 3-1-29 所示。

底步门架下端沿纵向设置的连续水平加固杆，置于横向封口杆的下面，用于调整和减少门架的不均匀沉降。

8) 对架高 30m 的门式钢管脚手架，应在每片脚手架的两端各设一道剪刀撑，采用 $\phi 48$ 的钢管，用扣件与门架的立杆扣牢，并自底至顶连续设置，按净距不大于

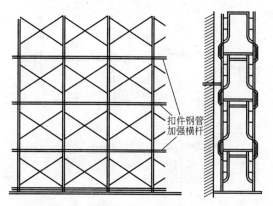

图 3-1-29 水平加固杆的设置

15m 间距设置剪刀撑。

在房屋的转角处,转角两边的纵向水平加固杆应该交圈,把处于相交方向的门架拉结起来,使脚手架在转角处形成闭合结构(图 3-1-30)。

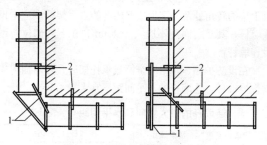

图 3-1-30 转角处脚手架连接构造
1—连接钢管;2—连墙杆

9)连墙杆(图 3-1-31)一般按竖向 3 个步距、水平方向每隔 4 个架距设置。连墙杆的最大竖向和水平间

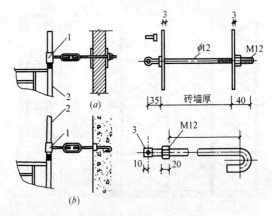

图 3-1-31 连墙杆构造
(a) 夹固式；(b) 锚固式
1—专用扣件；2—立杆；3—接头螺钉

距应不超过表 3-1-7 的要求。连墙杆宜靠近门架的横梁设置，采用刚性连接，距门架横杆不宜大于 200mm。脚手架的转角处及一字形或非闭合的脚手架两端应增设连墙杆，其竖向间距不应大于 4.0m。在下列部位应增设连墙杆：

在设防护棚、水平安全网或承托架时，其层面内应增设连墙杆，连墙杆的水平间距不宜大于 4.0m。

连墙杆的最大竖向和水平间距　　表 3-1-7

脚手架搭设高度 (m)	基本风压 W_0(kN/m²)	连墙杆间距(m)	
		竖直方向	水平方向
≤45	≤0.35	≤6.0	≤8.0
	0.36～0.55	≤4.0	≤6.0
46～60			

10) 斜道和通道洞口设置：

① 斜道（图 3-1-32）坡度应在 30°以内，每隔 4 步脚手架必须设置 1 个休息平台。跑道应设置护栏和扶手。木跳板上应钉防滑条。

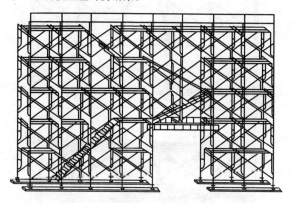

图 3-1-32　斜道的设置

② 通道洞口（图 3-1-33）宽度不宜大于 3 个门架架距，高度不宜大于 2 个门架高度。

3.1.4　落地式脚手架质量要求和检验方法

(1) 质量要求和检验方法

脚手架搭设的技术要求、允许偏差与检验方法，见表 3-1-8 所列。

(2) 各项检查的要求

1) 脚手架施工前，应对专项施工方案进行审查。

2) 脚手架材料进场应进行检查验收。

3) 脚手架搭设各阶段的检查验收：

① 基础处理后及脚手架搭设前；

② 作业层上施加荷载前；

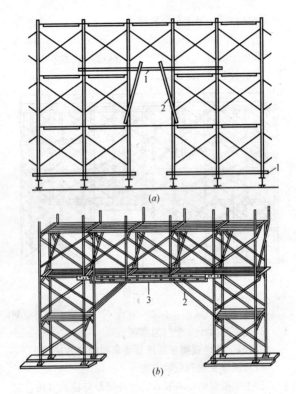

图 3-1-33 通道洞口
(a) 洞口较小时的构造；(b) 洞口较大时的构造
1—水平加固杆；2—斜撑杆；3—托架梁

③ 分段搭设完成之后；
④ 达到设计高度后。
4) 风、雨、雪后应进行检查。
5) 使用过程应经常对关键部位进行检查。

脚手架搭设的技术要求、允许偏差与检验方法

表 3-1-8

项次	项目		技术要求	允许偏差 Δ (mm)	示 意 图	检查方法与工具
1	地基基础	表面	坚实平整	—	—	观察
		排水	不积水			
		垫板	不晃动			
		底座	不滑动			
			不沉降	−10		
2	立杆垂直度	最后验收垂直度 20~80mm	—	±100	(示意图：垂直杆，高度 H_{max}，顶部偏差 Δ)	用经纬仪或吊线和卷尺
		下列脚手架允许水平偏差(mm)				
		搭设中检查偏差的高度(m)		总高度		
				50m	40m	20m
		$H=2$		±7	±7	±7
		$H=10$		±20	±25	±50
		$H=20$		±40	±50	±100
		$H=30$		±60	±75	
		$H=40$		±80	±100	
		$H=50$		±100		
		中间档次用插入法				
3	间距	步距	—	±20	—	钢板尺
		纵距		±50		
		横距		±10		

续表

项次	项目		技术要求	允许偏差 Δ (mm)	示意图	检查方法与工具
4	纵向水平杆高差	一根杆的两端	—	±20		水平仪或水平尺
		同跨内两根纵向水平杆高差	±10			
5	双排脚手架横向水平杆外伸长度偏差(mm)		外伸500	−50	—	钢板尺
6	扣件安装	主节点处各扣件中心点相互距离(mm)	a≤150	—		钢板尺
		同步立杆上两个相隔对接扣件的高差(mm)	a≥500	—		钢卷尺
		立杆上的对接扣件至主节点的距离	a≤h/3	—		

续表

项次	项目	技术要求	允许偏差 Δ (mm)	示意图	检查方法与工具
6	扣件安装	纵向水平杆上的对接扣件至主节点的距离	$a \leqslant l_a/3$	—		钢卷尺
		扣件螺栓拧紧扭力矩 (N·m)	40～65			扭力扳手
7		剪刀撑斜杆与地面的倾角	45°～60°			角尺
8	脚手板外伸长度 (mm)	对接	$a=130\sim1500$ $l \leqslant 300$	—		卷尺
		搭接	$a \geqslant 100\sim1500$ $l \geqslant 200$	—		卷尺

注：图中 1—立杆；2—纵向水平杆；3—横向水平杆；4—剪刀撑。

3.2 不落地脚手架施工

3.2.1 挑架施工

(1) 施工顺序

1) 挑梁式挑架施工顺序

安设型钢挑梁(架)→安装斜撑压杆或斜拉绳(杆)→安设纵向钢梁→搭设上部脚手架。

2) 支撑杆式挑架施工顺序

水平横杆→大横杆→双斜杆→内立杆→加强短杆→外立杆→脚手板→栏杆→安全网→小横杆→连墙杆拉结→水平杆与预埋件焊接。

(2) 施工要点

1) 挑梁式挑架施工要点

① 现场拼装脚手架的立杆和悬挑支承结构的连接方式有两类。

A. 悬挑支承结构的纵向间距和脚手架的纵向间距相同,则脚手架的立杆直接支承在悬挑结构上(图 2-1-12)。

B. 悬挑支承结构的纵向间距大于脚手架立杆的纵向间距,则在每 2 个支承结构之间设置 2 根钢纵梁,脚手架的立杆支承在纵梁上。

② 支承在悬挑支承结构上的脚手架,其最底一层水平杆处应满铺脚手板,以保证脚手架底层有足够的横向水平刚度。

③ 定型预拼脚手架是用起重吊车提升到支承结构上。就位后在定型架子上部用钢丝绳将定型架子拉结在房屋结构的预埋锚环上,并加上顶杆,使定型架子稳固(图 2-1-14)。

④ 注意事项:

A. 脚手架的材料必须符合设计要求,不得使用不合格的材料。

B. 各支点要与建筑物中的预埋件连接牢固。

C. 斜拉杆(绳)应有收紧措施,以便在收紧后承担脚手架荷载,如图 3-1-12 所示。

D. 脚手架立杆与挑梁用接长扣件连接,同时在立杆下部设 1~2 道扫地杆,以确保架子的稳定。

2)支撑杆式挑架施工要点

① 一般可采用分段搭设的办法,以 3~4 层为一段。主体结构施工阶段,下段结构完成后,将脚手架拆除转到上段搭设,依次进行,直到结构封顶。装修施工阶段,则与主体结构施工相反,脚手架由上往下转,直到底部装修完毕。为了便于装修施工脚手架的搭设,可以将结构施工时所搭的支撑结构保留以备再用。

② 图 3-2-1~图 3-2-3 列出了搭设在钢管制作支撑结构上的三种脚手架。第一种情况表示当主体结构内部搭设有脚手架时,外脚手架可和内部脚手架连成整体,故外墙的脚手架可仅搭设成 1 排(图 3-2-1)。为了不影响室

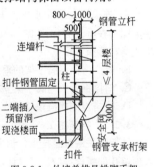

图 3-2-1 外墙单排悬挑脚手架

内施工,在内部空间不希望有钢管时,则在外墙外搭设双排脚手架(图 3-2-2)。在主体结构施工时,为了解决材料供应,在脚手架上应搭设上料台。图 3-2-3 为上料平台的搭设情况。

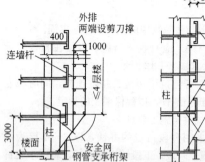
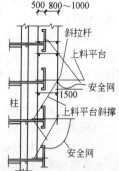

图 3-2-2 外墙双排悬挑脚手架　　图 3-2-3 外墙临时悬挑上料平台

③ 现场搭设顺序，如图 2-1-13 所示。

④ 注意事项：

A. 连墙杆要求在水平方向每隔 6.0m 与建筑物连接牢固；在垂直方向隔 3~4m 设置一个拉结点，并要求成梅花形布置；

B. 要严格控制脚手架的垂直度；

C. 斜撑钢管要与脚手架立杆用双扣件连接牢固；

D. 按搭设顺序搭设，并在下面支设安全网。

3.2.2 挂架施工

挂架的关键是悬挂点，预埋在结构中的挂钩环或穿入预留孔的螺栓等应认真设计计算，另外由于挂架对房屋结构附加了较大的外荷载，对结构也要进行验算和加固。

挂架自身不能升降，需要依靠工地的塔吊等起重设备来进行升降，如可在现浇外墙上沿房屋高度方向预留孔洞，用带挂钩的螺栓固定在墙体上，当下一层结构施工完后，用塔吊将一个单元的挂架架体提升，吊挂在上一层的墙体挂钩上，加以固定，再将各单元间用连接杆连接好，进行上一层的作业。

外挂脚手架与房屋的连接方式如图 2-1-15～图 2-1-18 所示。

3.2.3 吊篮施工

(1) 吊篮架子由薄壁型钢组焊而成，也可用钢管扣件组搭而成。可以设置单层工作平台，也可设置双层工作平台，平台工作宽度为 0.8～1.2m，架子高度不宜超过 2 层，每层高度不超过 2m（图 3-2-4、图 3-2-5），长

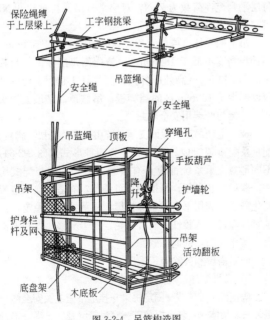

图 3-2-4 吊篮构造图

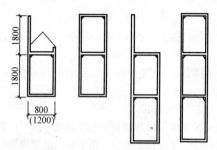

图 3-2-5 吊篮架体外形示意图

度视工程特点以满足操作要求而定,最长不宜超过 8m。每层平台允许荷载为 7kN,双层平台吊篮自重约 6kN,可容 4 人同时作业。

吊篮的立杆(或单元片)纵向间距不大于 500mm,挡脚板高度不低于 180mm;吊篮内侧每层在离平台板面 0.6m 和 1.2m 高处应各设护身栏杆 1 道,平台底部应设不少于 180mm 高的挡脚板;吊篮顶部必须设护头棚,外侧与两端用安全网封严。

(2) 电动吊篮的屋面支承系统由挑梁、支架、脚轮、配重及配重架组成。大致可分为四种形式(图 3-2-6)。不同形式支承系统都应具有下列特点:采用装配式构件,搬运组装方便;悬挑距离可调节,能适应立面造型变化需要;利用平衡重来保持屋面支承结构的稳定,减少对预埋件的依赖性;装有脚轮,便于平移,以利于扩大吊篮作业面,提高工效。

(3) 搭设和拆除施工顺序。

1) 搭设顺序

确定挑梁的位置→固定挑梁→挂上吊篮绳及安全绳→组装吊篮架体→安装手扳葫芦→穿吊篮绳及安全绳→提升

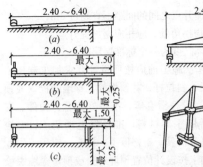
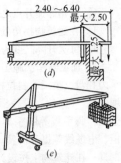

图 3-2-6 电动吊篮屋面支承系统示意图 (m)
(a) 简单固定挑梁式；(b) 移动挑梁式；(c) 适用高女儿墙的
移动挑梁式；(d)；(e) 大悬臂移动桁架式

吊篮→固定保险绳。

2) 拆除顺序

吊篮逐步降至地面→拆除手扳葫芦→移走吊篮架体→抽出吊篮绳→拆除挑梁→解掉吊篮绳及安全绳→将挑梁及附件吊送到地面。

3.2.4 爬架施工

(1) 挑梁式爬架（图 2-1-23）施工

1) 施工前准备

① 布架设计：施工前应根据工程的特点进行具体的布架设计，绘制脚手架布架设计图，编制脚手架施工组织设计等，挑梁式爬升脚手架的设计可参照以下参数进行：

A. 组架高度视施工速度和具体施工需要而定，一般搭设 3.5～4.5 倍楼层高。

B. 组架宽度一般不超过 1.2m。

C. 两相邻提升点之间的间距不宜超过 8m。

D. 在建筑物拐角处，应相应增加提升点。

E. 每次升降高度为一个标准层层高。

② 加工制作：施工前应按照设计要求加工制作出承力托盘、挑梁、斜拉杆、花篮螺栓、穿墙螺栓（或预埋件）、导向轮、导杆滑套等；准备好钢管、扣件、安全网、脚手板等脚手架材料；准备好电动葫芦、电控柜、电缆线等提升机具；备好扳手、榔头、钳子等作业工具；在建筑物上按设计位置预埋螺栓或预留穿墙螺栓孔，上下两螺栓孔中心必须在一条垂线上。

电动葫芦必须逐台检验，并在机位上编号。

2) 爬架组装

挑梁式爬升脚手架自使用爬架的楼层开始，先搭设爬架，再进行结构施工，待爬架搭设至设计高度后，再随结构施工进度逐层提升。

① 组装顺序

确定爬架的搭设位置→安装或平整操作平台→按照设计图确定提升承力托盘的位置→安装承力托盘→在承力托盘上搭设基础架（承力桁架）→随工程施工进度逐层搭设脚手架→在比承力托盘高两层的位置安装挑梁→按照设计要求安装导轨导向轮→安装电控柜并布置电缆线→在挑梁上安装电动葫芦并连接电缆线。

② 组装要求

A. 爬架只适用于立面无变化的建筑物，因此，对无裙房的建筑物，爬架可自地面搭设，对有裙房的建筑则在裙房上搭设，或自建筑物立面无变化处开始搭设，搭设前应按脚手架的搭设要求提供一个搭设操作平面。

B. 承力托盘应严格按照设计位置设置，里侧应用螺栓同建筑物固定，外侧用斜拉杆与上层建筑物相应位置固定，通过花篮螺栓将承力托盘调平。在开始组架时，若基础能够承受爬架全高的荷载，则仅需按设计位置将承力托盘放平即可，待提升后再与建筑物固定。

C. 在承力托盘上搭设脚手架时，应先安装承力托盘上的立杆，然后搭设基础架（即承力桁架）。

D. 基础架用钢管扣件搭设时，若下层大横杆钢管用对接扣件连接，则必须在连接处帮焊钢筋，两承力托盘中间的基础架应起拱。

E. 脚手板、扶手杆、剪刀撑、连墙杆、安全网等构件按照脚手架的搭设要求设置，但最底层脚手板必须用木脚手板或无网眼的钢脚手板密铺，与建筑物之间不留缝隙。安全网除在架体外侧满挂外，尚应从架体底部兜过来，固定在建筑物上。

位于提升挑梁两侧的脚手架内排立杆之间的横杆，凡是架子在升降时均会碰到提升挑梁或挑梁斜拉杆，因此，均应采用短横杆，以便升降时随时拆除，升降后再连接好。

③ 爬架使用前的检查

爬架升降前应进行全面检查，检查内容主要有：

提升挑梁同建筑物的连接是否牢靠；挑梁的斜拉杆是否拉紧，花篮螺栓是否可靠；架子垂直度是否符合要求；扣件是否按规定拧紧；导向轮安装是否合适；导杆同架子的固定是否牢靠；滑套同建筑物的连接是否牢靠；电动葫芦是否已挂好；电动葫芦的链条是否与地面垂直，有无翻链或扭曲现象；电动葫芦同控制柜之间是否连接好，电缆线的长度是否满足升降一层的需要；通电逐台检查电机正反向是否一致,电控柜工作是否正常,控制是否有效等。

以上内容检查合格后方可进行升降操作。

④ 升降要点

先开动电控柜,使电动葫芦张紧承力;清除架子同建筑物之间的障碍;解除架子同建筑物之间的连接件;解除承力托盘及其拉杆同建筑物的连接;操作电控柜,各吊点电动葫芦同时启动,带动架子在导向轮的约束下升降;当位于提升挑梁处的脚手架横杆要碰到提升挑梁时,将该横杆拆除,待通过后再及时连接好;第一次升降高度一般不宜超过 500mm;而后停机检查,确信一切正常后,再继续升降;一般每升降一层楼高,停 2~3 次;架子升降到位后,立即将承力托盘同建筑物固定,将斜拉杆拉紧,并及时将架子同建筑物拉结固定,至此即完成一次升降。

在升降过程中,应随时注意观察各提升电动葫芦是否同步,若有差异立即停机,然后,对有差异的部位及时进行点动调整,待调整后再继续升降。

确信架体同建筑物连接牢靠后,松动并摘下葫芦,将挑梁拆除并移至上一层(上升时)或下一层(下降时),同建筑物固定好,再将电动葫芦挂好,等待下一次升降。

⑤ 爬架拆除

挑梁式爬升脚手架的拆除,同普通外脚手架一样,采用自上而下的顺序,逐层拆除,最后拆除基础架和承力托盘。

(2) 导轨式爬架施工

导轨式爬架的特点是脚手架的固定、爬升、防坠落、防倾覆等关键技术措施,均是依靠导轨来实现的。如图 3-2-7 所示。

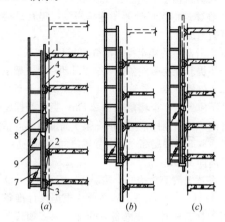

图 3-2-7 导轨式爬架

(a) 爬升前;(b) 爬升后;(c) 再次爬升前

1—连接挂板;2—连墙杆;3—连墙杆座;4—导轨;5—限位锁;
6—脚手架;7—斜拉钢丝绳;8—立杆;9—横杆

1) 施工前准备

① 布架设计

A. 平面设计:必须绘制平面布置图,确定脚手架的立杆位置和横杆规格,确定爬升机构的位置。

B. 立面设计:必须绘制立面布置图,确定架子的搭设高度,确定导轨的长度和根数,确定导轨的起始位置,确定上部导轮和下部导轮的位置,确定提升挂座的位置。

C. 导轨式爬升脚手架的设计可参考以下参数:

a. 架子搭设高度:3.5~4.5 倍标准层高。

b. 架子宽度一般不大于 1.25m,立杆纵距不大于

1.85m，横杆步距 1.8m。

　　c. 爬升机构水平间距宜控制在 6m 以内。

　　d. 在建筑物拐角处架子连续搭设，爬升机构水平间距可适当加密。

　　e. 提升葫芦的额定提升荷载 50kN。

　　f. 当提升挂座两侧各挂一个提升葫芦时，架子高度可取 3.5 倍楼层高，导轨选用 4 倍楼层高，上下导轮之间的净距应大于 1 个楼层高加 2.5m；当提升挂座一侧挂提升葫芦另一侧挂钢丝绳时，架子高度取 4.5 倍楼层高，导轨取 5 倍楼层高，上下导轮之间的净距应大于 2 倍楼层高加 1.8m。

　　g. 每次升降高度为一个楼层高。

　　② 材料、工具准备：施工前应根据设计准备好爬架所用的材料构件，并准备好作业工具，如榔头、扳手、钳子、线坠、水平尺、卷尺、对讲机、哨子，以及用电动提升时所用的电工工具。

　　2）爬架组装

　　导轨式爬升脚手架，必须严格按照设计要求进行组装。

　　① 导轨式爬升脚手架的组装应在搭设的操作平台上进行，平台面应低于楼层面 300～400mm。在空中搭设平台时，平台应有安全防护。

　　② 一般应将爬升机构位置不需调整的地方作为架子的安装起点（图 3-2-8）。

　　按照设计位置放好提升滑轮组件，使提升滑轮组正对建筑物，确定与提升滑轮组相邻的立杆位置并与提升滑轮组连接，以此为起点向一侧或两侧顺序搭设底部架。

　　脚手架的步距为 1.8m，最底层一步架增设 1 道纵

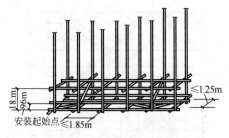

图 3-2-8 底部架子搭设

向水平杆,距底的距离为 600mm,跨距不大于 1.85m,宽度不大于 1.25m。

最底层应设置纵向水平剪刀撑以增强脚手架承载能力,与提升滑轮组相连(即与导轨位置)相对应的立杆一般为位于脚手架端部的第二根立杆,此处要设置从底到顶的横向斜杆。

底部架搭设完成以后,对架子进行调整,要求横杆的水平度偏差小于 $L/400$,立杆的垂直度偏差小于 $H/500$,架子纵向的直线度(直线搭设的脚手架)偏差小于 $L/200$。当调整好以后,将接头锁紧。

③ 以底部架为基础随着工程进度要求搭设上部脚手架。在爬升机构所在脚手架横向框架内沿全高设置横向斜杆,在脚手架内排立杆两爬升机构之间设置剪刀撑,在脚手架外侧沿全高设置剪刀撑(图 3-2-9)。

④ 脚手板、扶手杆、安全网等构件按照脚手架的搭设要求设置,但最底层脚手板必须用木脚手板或无网眼的钢脚手板密铺,同建筑物之间不留缝隙。安全网除在架体外侧满挂外,尚应自架体底部兜过来,固定在建筑物上。

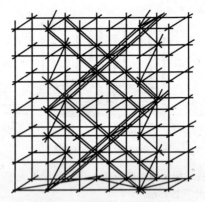

图 3-2-9 框架内横向斜杆设置

⑤ 当架子搭设两层楼高时,即可开始安装导轨。先根据设计位置装导轮,再将第一根导轨插入导轮和提升滑轮组件的导轮中间,如图 3-2-10、图 3-2-11 所示。

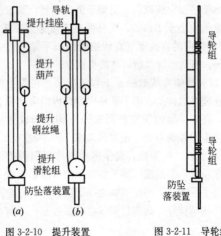

图 3-2-10 提升装置　　图 3-2-11 导轮组

导轨底部低于支架 1.5m 左右，注意使每根导轨上相同的数字处于同一水平面上。

在建筑物上安装连墙挂板、连墙支杆、连墙支杆座，将连墙支杆座同导轨连接（图 3-2-12），两连墙支杆之夹角宜控制在 45°～150°，导轨应垂直。

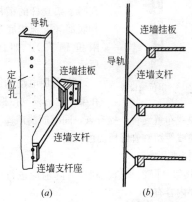

图 3-2-12 导轨与房屋结构的连接示意图
(a) 导轨和连墙支杆座、连墙支杆、连墙柱板构造；
(b) 导轨与房屋结构连接

以第一根导轨为基准，依次向上安装，导轨的垂直度应控制在 $H/400$ 以内。

⑥ 在上部导轮下的导轨上安装提升挂座。

⑦ 将提升葫芦挂在提升挂座上，若用两个葫芦则每侧挂一个（图 3-2-10b），挂钩挂在绕过提升滑轮组的钢丝绳上；若用一个提升葫芦，则另一侧挂钢丝绳（图 3-2-10a），钢丝绳绕过提升滑轮组以后挂在提升葫芦挂钩上。

⑧ 安装斜拉钢丝绳，钢丝绳的下端固定在脚手架

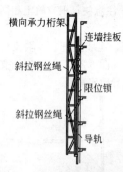

图 3-2-13 限位锁设置

立杆下碗扣底部，上端通过花篮螺栓挂在连墙挂板上，挂好后将钢丝绳拉紧。

⑨ 安装限位锁。将限位锁固定在导轨上，另一端托在脚手架立杆的横杆层下碗扣底部（下碗扣底部先安装限位锁夹），如图 3-2-13 所示。

⑩ 若用电动葫芦，则应在架子上搭设电控柜操作台，并将电缆线布置到每个提升点，同电动葫芦连接好，应注意电缆线要留够升降所需的长度。

3）爬架升降

① 爬架升降前检查。爬架升降前应进行检查，检查的主要内容有：

A. 检查接头是否锁紧；

B. 检查螺栓是否拧紧；

C. 检查导轨的垂直度是否符合要求；

D. 检查葫芦是否挂好，有无翻链扭曲现象；

E. 电控柜及电动葫芦线是否正确，供电是否正常；

F. 障碍物是否清除，结束是否解除；

G. 操作人员是否到位等。

② 升降作业。

A. 检查合格后方可进行升降作业。确定第一次爬升距离（一般不大于 500mm），启动葫芦，则架子沿导轨均匀平稳地上升，升至预定位置后，暂停上升，进行检查，如检查无误，则继续上升，一直升至所需高度；

B. 将斜拉钢丝绳挂在上一层连墙挂板上，将限位锁锁住导轨和立杆，使限位锁和斜拉钢丝绳同时受力；

C. 再松动并摘下葫芦，将提升挂座移至上部导轨和立杆，使限位锁和斜拉钢丝绳同时受力；

D. 再松动并摘下葫芦，将提升挂座移至上部位置，将葫芦挂好；将下部已滑出的导轨拆除，装到顶部，等待下次提升。

导轨式爬升脚手架的下降原理和提升相同，操作相反，即先将提升挂座挂在下部导轮的上面，待架子下降到位以后，将上部导轨拆除，然后装到底部。

在升降过程中应注意观察各提升点的同步性，当高差超过1个孔位（100mm）时，应停机调整。

③ 爬架的拆除。导轨式爬升脚手架的拆除与普通碗扣式外脚手架相同。当架子降至底面时，逐层拆除脚手架杆件和导轨等爬升机构构件。拆下的材料构件应集中堆放，清理保养后入库。

3.3 模板支撑架施工

模板支撑架用以保证模板面板的形状和位置，并承受模板、钢筋和新浇混凝土的自重以及由模板传来的荷载，属于一种临时性承重结构。

此类支撑架没有梁架等横向结构，荷载直接通过立杆向下传递。支撑架的立杆满布在整个楼盖范围内，故称满堂红式。

3.3.1 扣件式钢管支撑架施工

（1）施工前准备工作

1) 场地清理平整、定位放线、底座安放等均与脚手架搭设时相同。

2) 立杆的间距需通过计算确定，通常取 1.2～1.5m，一般不得大于 1.8m。复杂的工程，要根据结构主梁、次梁、板的布置、模板的配板设计、装拆方式、纵楞和横楞的安排等情况，作出立杆的平面布置图。

3) 支撑架应采用外径为 φ48mm、壁厚 3.5mm 的焊接钢管搭设而成。所用钢管（立杆、横杆、斜杆等）长度一般为 2～5m，每根重量一般控制在 200N 以内，以便工人操作。

(2) 支撑架搭设

1) 立杆接长

当高度较高时，立杆可以接高，其连接方式有两种。

① 用回转扣件搭接（图 3-3-1a）。当直接利用现有的脚手架钢管和扣件搭设支撑架时，常采用这种连接方式。其特点是钢管长度不受层高影响，支架高度变化可以通过调整搭接长度来满足，但搭接长度不得小于 600mm。由于扣件所能传递的力较小，且有一定偏心，这种支撑架的受力性能较差，要求立杆布置间距较密，而立杆的承载能力却得不到充分利用。

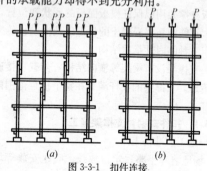

图 3-3-1 扣件连接
(a) 用回转扣件搭接；(b) 对接扣件连接

② 对接扣件连接（图 3-3-1b）。立杆采用对接扣件连接，其顶端一段插上一个顶托，被支承模板的荷载通过顶托直接作用于立杆上，这种连接和支承方式传力直接，偏心很小，受力性能好，能充分发挥钢管的承载能力。但由于立杆长度固定，对层高变化调节范围不如搭接连接那样随意。

2) 设置底座

立杆底座的作用是将荷载传给基础。有固定和可调节两种。

① 固定底座：底板为厚 8mm、边长 150mm 的方形钢板，在其中部焊外径 60mm、厚 3.5mm、长 150mm 的钢管。使用时，将立杆插入底座的短钢管内。

② 可调底座：在底板上焊接一 ϕ38mm、长 300mm 的螺杆，外套一个转盘，转盘可沿螺杆升降，使用时将立杆底端套入螺杆，置于转盘上，利用转盘的升降调节立杆高度。

3) 设置水平拉结杆

为加强扣件式支撑架的整体稳定性，必须在支撑架立杆之间纵、横两个方向均设置扫地杆和水平拉结杆。各水平拉结杆的间距（步高）一般不大于 1.6m。如图 3-3-2 所示。

4) 设置斜撑

为保证支撑架有足够的稳定性，除了设置双向水平杆外，还要设置斜撑，斜撑有两种。

① 刚性斜撑：采用钢管作为斜撑，用扣件将斜撑与立杆和水平杆相连接，如图 3-3-3 所示。

② 柔性斜撑：采用钢筋、钢丝、铁链等只能承受拉力的柔性杆件布置成交叉的斜撑，如图 3-3-4 所示。每根拉杆均需设置花篮螺栓，保证拉杆不松弛，能受力。

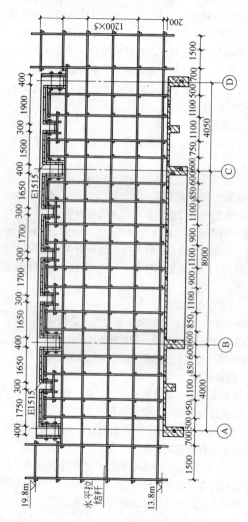

图 3-3-2 梁板钢模板支撑剖面图

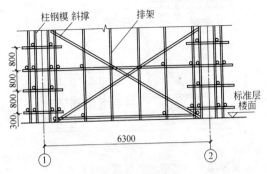

图 3-3-3 刚性斜撑

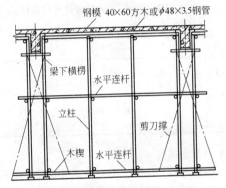

图 3-3-4 柔性斜撑

3.3.2 碗扣式钢管支撑架施工

(1) 支撑架的基本构造形式

1) 一般支撑架

碗扣式钢管支撑架一般构成如图 3-3-5 所示。

支撑架中框架单元的基本尺寸有五种组合,见表

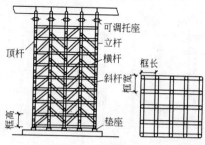

图 3-3-5 碗扣式支撑架

3-3-1。支撑架中框架单元的框高应根据荷载等因素进行选择。

支撑架中框架单元的基本尺寸 (m)

表 3-3-1

类型	基本尺寸(框长×框宽×框高)
A 型	1.8×1.8×1.8
B 型	1.2×1.2×1.8
C 型	1.2×1.2×1.2
D 型	0.9×0.9×1.2
E 型	0.9×0.9×0.6

2) 高架支撑架

当支撑架高宽（按窄边计）比超过 5 时，应采取高架支撑架，否则需按规定设置缆风绳紧固。高架支撑架构造如图 3-3-6 所示。

3) 支撑柱支撑架

当施工荷载较重时，应采用碗扣式钢管支撑柱组成的支撑架。如图 3-3-7 所示。

(2) 每根立杆参考支撑面积

见表 3-3-2。

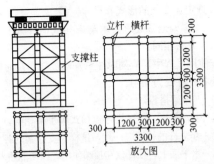

图 3-3-6 高架支撑架构造

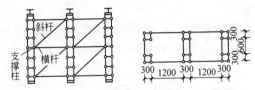

图 3-3-7 支撑柱支撑架

支撑架荷载及立杆支撑面积参考表 表 3-3-2

混凝土厚度(cm)	支撑总荷载(kN/m²)					每根立杆可支撑面积 $S(m^2)$
	混凝土重 (P_1)	模板楞条 (P_2)	冲击荷载 $P_3=P_1\times 30\%$	人行机具动荷载 P_4	总计 $\sum P$	
10	2.4	0.45	0.72	2	5.57	5.39
15	3.6	0.45	1.08	2	7.13	4.21
20	4.8	0.45	1.44	2	8.69	3.45
25	6	0.45	1.80	2	10.25	2.93
30	7.2	0.45	2.16	2	11.81	2.54
40	9.6	0.45	2.88	2	14.93	2.01

(3) 搭设要点

1) 搭设前,根据施工要求编制施工方案,参考表

3-3-2,选定支撑架的形式和尺寸。

2)支撑架地基处理要求与碗扣式钢管脚手架搭设的要求及方法相同。

在使用过程中,应随时注意基础沉降,及时调整底座,使各杆件受力均匀。

3)支撑架搭设。

① 树立杆。立杆安装与碗扣式脚手架相同。

第一步立杆的长度应一致,这样,支撑架的各立杆接头在同一水平面上,顶杆仅在顶端使用,以便能插入底座。

② 安放横杆和斜杆。横杆、斜杆安装同碗扣式脚手架。

③ 安装横托座。横托座应设置在横杆层,并且两侧对称布置。横托座一端由碗扣接头同支座架连接,另一端插上可调托座,安装支撑横梁(图3-3-8)。

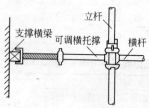

图 3-3-8 横托座设置构造

④ 支撑柱搭设。支撑柱构造如图3-3-9所示,其基本框架单元为0.3m×0.3m×0.6m,柱长度可根据施工要求确定。

支撑柱可采取预先拼装,现场可整体吊装。

⑤ 支撑架搭设到3~5层时,应检查每个立杆(柱)底座下是否浮动或松动,否则应旋紧可调底座或用薄铁片填实。

3.3.3 门架式支撑架施工

(1)搭设支撑架的专用门架及配件

1) CZM门架

这是一种适用于搭设模板支撑架的门架,如图 3-3-10 所示。门架由立杆、构架式横梁、加强杆及止退销组成。

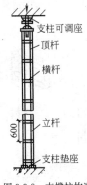

图 3-3-9 支撑柱构造

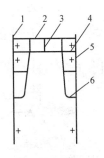

图 3-3-10 门架示意图
1—门架立杆;2—上横杆;3—腹杆;
4—下横杆;5—止退销;6—加强杆

门架的基本高度取 1.8m、1.5m 和 1.2m 三种,宽度为 1.2m。

2) 调节架

调节架高度有 0.9m、0.6m 两种,宽度为 1.2m,用来与门架搭配,用于不同高度的支撑架。

3) 连接棒、销钉、销臂

上、下门架、调节架的竖向连接,采用连接棒(图 3-3-11a),连接棒两端均钻有孔洞,插入上、下两门架的立杆内,并在外侧安装销臂(图 3-3-11c),再用自锁销钉(图 3-3-11b)穿过销臂、立杆和连接棒的销孔,将上下立杆直接连接起来。

4) 当托梁的间距不是门架的宽度(1.2m),且荷载作用点的间距大于或小于 1.2m 时,可用加载支座或三角支承架来进行调整，可以调整的间距范围为 0.5~1.8m。

① 加载支座：构造如图 3-3-12，使用时用扣件将底杆与门架的上横杆扣牢，小立杆的顶端加托座即可使用。

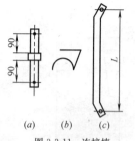

图 3-3-11　连接棒
(a) 连接棒；(b) 自锁销钉；(c) 销臂

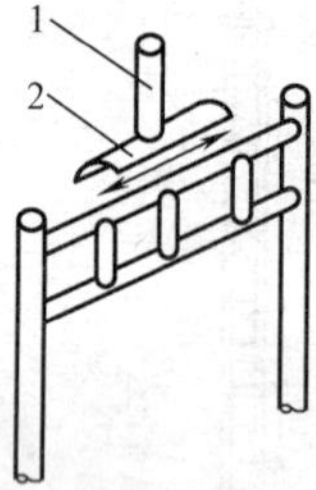

图 3-3-12　加载支座与安装示意图
1—小立杆；2—底杆

② 三角支承架：三角支承架构造如图 3-3-13 所示，宽度有 150mm、300mm、400mm 等几种，使用时将插件插入门架立杆顶端，并用扣件将底杆与立杆扣牢，然后在小立杆顶端设置顶托即可使用。

采用加载支座和三角支承架的示意图，如图 3-3-14 所示。

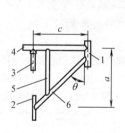

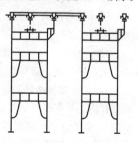

图 3-3-13　三角支承架示意图
1—小立杆；2—底杆；3—插杆；
4—小横杆；5—拉杆；6—斜杆

图 3-3-14　采用加载支座、
三角支承架调整荷载作用点

（2）搭设要点

1）组装门架时，应确保其根部的稳定性。立柱底部设置双向水平拉结杆以防止立柱移位，地基要平整夯实，衬垫木方，以防下沉（图 3-3-15）。

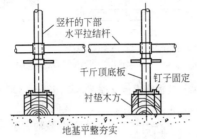

图 3-3-15　门式脚手架的根部固定

2）为了使满堂红脚手架形成一个稳定的整体，避免发生摇晃，每层门架均要设置纵横二个方向的水平拉结杆和布置一定数量的斜撑。如图 3-3-16 所示。

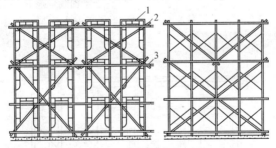

图 3-3-16　满堂红脚手架
1—门架；2—剪刀撑；3—水平加固杆

3）肋形楼（屋）盖模板支撑架（垂直于梁轴线）施工。

① 梁底模板支撑架，如图 3-3-17 所示。

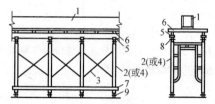

图 3-3-17 梁底模板支撑架
1—混凝土梁；2—门架；3—交叉支撑；4—调节架；5—托梁；
6—小楞；7—扫地杆；8—可调托座；9—可调底座

② 梁、楼板底模板支撑架，如图 3-3-18 所示。

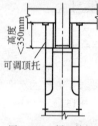

图 3-3-18 梁、楼板底模板支撑架

③ 门架间距选定。门架的间距应根据荷载的大小确定，同时也需考虑交叉拉杆的规格尺寸，一般常用的间距有 1.2m、1.5m、1.8m。

4）肋形楼（屋）盖模板支撑架（平行于梁轴线）施工。

① 梁底模板支撑架。如图 3-3-19 所示。

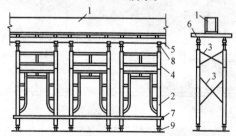

图 3-3-19 梁底模板支撑架的布置形式
1—混凝土梁；2—门架；3—交叉支撑；4—调节架；5—托梁；
6—小楞；7—扫地杆；8—可调托座；9—可调底座

② 梁、楼板底模板支撑架。如图 3-3-20 所示。

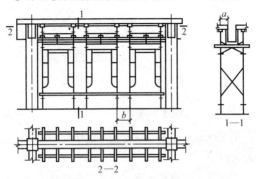

图 3-3-20 梁、楼板底模板支撑架形式

5) 密肋楼（屋）盖模板支撑架施工，如图 3-3-21 所示。

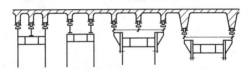

图 3-3-21 密肋楼（屋）盖模板支撑架

(3) 拆除要点

支撑架的拆除，除应遵守相应脚手架拆除的有关规定外，根据支撑架的特点，还应注意：

1) 支撑架拆除前，应由工程负责人对支撑架做全面检查，确定可以拆除时，方可拆除；

2) 拆除支撑架前应先拆下模板后，才可拆除支撑架；

3) 支撑架拆除应从顶层开始逐层往下拆；

4) 拆下的构配件应分类捆绑，严禁从高空抛掷；

5) 拆下的构配件应及时检查、维修、保养。

4 安全技术要求及有关安全生产法规制度

4.1 基本安全要求

① 脚手架搭设前,必须制定施工方案和搭设的安全技术措施。

② 脚手架搭设或拆除人员必须由符合劳动部颁发的《特种作业人员安全技术培训考核管理规定》、经考核合格、领取《特种作业人员操作证》的专业架子工担任。

③ 脚手架与高压线路的水平距离和垂直距离必须符合规范规定。

④ 大雾和雨、雪天气和 6 级以上大风时,不得进行脚手架上的高处作业。雨、雪天后作业,必须采取安全防滑措施。

⑤ 脚手架搭设作业时,应按形成基本构架单元的要求逐排、逐跨和逐步地进行搭设,矩形周边脚手架宜从其中的一个角部开始向两个方向延伸搭设,确保已搭部分稳定。

⑥ 在架上作业人员应穿防滑鞋、挂好安全带,脚下应铺设必要数量的脚手板,并应铺设平稳,且不得有探头板。

⑦ 架上作业人员应做好分工和配合,不要用力过猛,以免引起人身或杆件失衡。

⑧ 作业人员应佩带工具袋,工具用后装于袋中,不要放在架子上,以免掉落伤人。

⑨ 架设材料要随上随用,以免放置不当时掉落。

⑩ 在搭设作业进行中,地面上的配合人员应避开可能落物的区域。

⑪ 在脚手架上进行电气焊作业时,应有防火措施。

⑫ 除搭设过程中必要的1～2步架的上下外,作业人员不得攀缘脚手架上下,应走房屋楼梯或另设安全人梯。

⑬ 钢管脚手架的高度超过周围建筑物或在雷暴较多的地区施工时,应安设防雷装置。其接地电阻应不大于4Ω。

⑭ 较重的施工设备(如电焊机等)不得放置在脚手架上。

4.2 脚手架材质要求

(1) 扣件式钢管脚手架材质应符合的规定

1) 应选用外径48mm、壁厚3.5mm的钢管,长度以4.5～6.0m和2.1～2.3m为宜。

2) 每根钢管最大质量不应大于25kg,有严重锈蚀、弯曲、压扁或裂纹的不得使用。

3) 扣件应有出厂合格证明,发现有脆裂、变形、滑丝的禁止使用。

4) 钢管上严禁打孔。

(2) 门式钢管脚手架材质应符合的规定

1) 门式钢管脚手架及其配件的规格、性能及质量应符合现行标准《门式钢管脚手架》JG 13的规定,并有出厂证明书及产品标志。

2) 水平加固杆、封口杆、扫地杆、剪刀撑及脚手架转角处的连接杆等宜采用$\phi 42mm \times 2.5mm$焊接钢管,

也可采用 φ48mm×3.5mm 焊接钢管。相应的扣件规格也应分别为 φ42mm、φ48mm。

3）钢管应平直，不得有斜口、毛口；严禁使用有硬伤（硬弯、砸扁等）及严重锈蚀的钢管。

（3）木脚手架材质应符合的规定

1）木杆应采用剥皮杉木和其他坚韧硬木。禁止使用杨木、柳木、桦木、椴木、油松和腐朽、折裂、枯节等易折木杆。

2）立杆的有效部分小头直径不得小于 70mm，纵向水平杆、横向水平杆有效部分的小头直径不得小于 80mm（60～80mm 之间的可双杆合并或单根加密使用）。

3）木脚手架的绑扎材料宜采用镀锌钢丝，主节点绑扎应采用 8 号钢丝，其余可采用 10 号钢丝。严禁绑扎材料重复使用。

（4）竹脚手架材质应符合的规定

1）竹竿，应选用质坚、肉厚、生长期为 3 年以上的老毛竹，凡弯曲不直、青嫩、松脆、白麻、虫蛀的竹竿不得使用。

2）使用过一次以上的竹竿，应挑选质地坚韧，表皮为青色或老黄色的竹竿。腐烂、枯脆、虫蛀以及裂纹连通二节以上的竹竿，不得使用。

3）竹脚手架的立杆、纵向水平杆、剪刀撑、顶杆（即原称为顶撑的杆件）、抛撑等杆件小头的有效直径不得小于 75mm；横向水平杆不得小于 90mm（70～90mm 之间的可双杆合并或单根加密使用）。

4）竹脚手架宜采用扎篾或塑料篾绑扎。扎篾由毛竹片破成。用于破制扎篾的毛竹，应选用新鲜、不太老也不太嫩、生长期在 2～2.5 年的毛竹，用其竹黄部分。篾料质地必须新鲜，厚度为 0.8～1.0mm，宽度为 20.0mm 左右，断腰、大节疤和受潮发霉的扎篾均不得使用。使用前应置于水中，浸泡不少于 12h。塑料篾必须采用塑料纤维编织的成带状的特制专用材料，一般宽度为 10～15mm，厚度约为 1mm，使用塑料篾必须有出厂合格证和力学性能数据。严禁使用尼龙绳和塑料绳进行绑扎。

（5）脚手板材质应符合的规定

1）脚手板可采用钢、木、竹材料制作，每块质量不宜大于 30kg。

2）冲压钢制脚手板应采用厚度 2～3mm 的 Q195 钢材，其规格一般为：长度 1.5～3.6m，宽度 230～250mm，肋高 50mm，脚手板两端应有连接装置，板面应有防滑构造。凡出现板面裂纹、扭曲的不得使用。

3）木脚手板应选用厚度不小于 50mm 的杉木或松木板，宽度以 200～300mm 为宜，凡是腐朽、扭曲、斜纹、破裂和大横透节的不得使用。距板的两端头 80mm 处应使用镀锌钢丝箍绕 2～3 圈或用薄钢板钉牢。

4）竹串片脚手板的板厚不得小于 50mm，并用直径 8～10mm 螺栓，间距 500～600mm 穿透拧紧。螺栓孔径不得大于 10mm，螺栓必须拧紧，螺栓离竹串片板端部的距离应为 200～250mm。竹串片脚手板一般长度为 2～3m，宽度为 250～300mm。

5）竹笆板应横向密编，纵片不得少于 5 道，每道用双片，每块竹笆板沿纵向用宽 40mm 竹片两根相对夹紧，并钻眼穿钢丝扎牢；横片应一正一反，竹片宽度不得小于 30mm，厚度不得小于 8mm，四边端部纵横交点应钻孔并用钢丝穿过扎牢。

4.3 脚手架搭设

4.3.1 一般要求

① 脚手架搭设前应先在基础上弹出立杆位置线,并按设计尺寸正确安放垫板、底座。竹、木脚手架立杆宜埋入地下,严禁在未夯实的回填土上塔设落地式脚手架。

② 立杆应垂直稳放在金属底座或垫木上,立杆、纵向水平杆接头应错开。扣件式钢管脚手架的连接必须用扣件并应拧紧螺栓,禁止用其他材料绑扎。

③ 搭设脚手架的材料应一致,严禁钢质材料和木或竹质材料以及不同规格材料混搭。脚手架必须配合施工进度搭设,一次搭设高度不应超过相邻连墙件以上两步。

④ 开始搭设立杆时,应每隔 6 跨设置一根抛撑,直至连墙杆安装稳固后,方可根据情况拆除。当搭设至有连墙杆的构造点时,在搭设完该处的立杆、纵、横向水平杆后,应立即设置连墙杆。

⑤ 高度在 24m 以下的单、双排脚手架,均必须在外侧立面的两端各设置一道剪刀撑,剪刀撑的宽度不小于 4 跨且不大于 6 跨,且不应小于 6m,斜杆与地面的倾角宜在 45°~60°之间,并应由底至顶连续设置。高度在 24m 以上的双排脚手架应在外侧立面整个长度和高度上连续设置剪刀撑。

⑥ 上料斜道的铺设宽度不得小于 1.5m,坡度宜采用 1:6;人行斜道宽度不宜小于 1m,坡度宜采用 1:3;拐弯处应设置平台,其宽度不应小于斜道的宽度。斜道竹或木质脚手板上应每隔 250~300mm 设置一根防

滑木条，防滑木条厚度宜为 20~30mm。

⑦ 作业层脚手板应铺满、铺稳，离开墙面 120~150mm，不得有空隙和探头板。当使用冲压钢脚手板、木脚手板、竹串片脚手板时，应设置在三根横向水平杆上。当脚手板长度小于 2m 时，可采用两根横向水平杆支承，但应将脚手板两端与其可靠固定，严防倾翻。当使用竹笆脚手板时，纵向水平杆应等间距设置，间距不应大于 400mm。

⑧ 冲压钢脚手板、木脚手板及竹串片脚手板搭接时，搭接长度不得小于 200mm；对头接时应架设双排横向水平杆支承，两根横向水平杆间距不大于 200mm。在架子拐弯处脚手板应交叉搭接。垫平脚手板应用木块，并且要固定牢固，不得用砖垫。竹笆板应按其主竹筋垂直于纵向水平杆方向铺设，且采用对接平铺，四个角应用 14 号镀锌钢丝固定在纵向水平杆上。

⑨ 脚手架的外侧立杆、斜道和平台临边立杆的内侧，应设两道防护栏杆，上栏杆上皮高为 1200mm，下栏杆居中设置，并设 180mm 高的挡脚板，同时张挂密目网。密目网上、下边缘开眼环扣应采用 14 号钢丝与脚手架纵向水平杆绑扎牢固，下边不得留有空隙，上边与纵向水平杆如有间隙不得大于 100mm，网体边缘所有开眼环扣都应绑扎牢固，不得形成空隙。

4.3.2 扣件式钢管脚手架搭设

① 立杆间距一般不大于 2.0m，立杆横距不大于 1.5m，连墙杆不少于三步三跨，脚手架底层满铺一层固定的脚手板，作业层满铺脚手板，自作业层往下计，每隔 12m 必须满铺一层脚手板。具体尺寸应符合《建筑施工扣件式钢管脚手架安全技术规范》JGJ 130 表

6.1.1-1 和表 6.1.1-2 的规定或进行专项设计。

② 立杆接长除顶层顶步外，其余各层各步接头必须采用对接扣件连接。两根相邻立杆的接头不得设置在同一步距内，同步内隔一根立杆的两个相隔接头在高度方向错开的距离不宜小于 500mm，各接头的中心至主节点的距离不宜大于步距的 1/3。顶层顶步立杆如采用搭接接长，其搭接长度不应小于 1000mm，并采用不少于 2 个旋转扣件固定，端部扣件盖板边缘至杆端距离不应小于 10mm。

③ 主节点处必须设置一根横向水平杆，用直角扣件扣接且严禁拆除。主节点处两个直角扣件的中心距不应大于 150mm。在双排脚手架中，靠墙一端的横向水平杆外伸长度不应大于 500mm。

④ 脚手架必须设置纵、横向扫地杆。纵、横向扫地杆应采用直角扣件固定在距底座上皮不大于 200mm 处的立杆上。当立杆基础不在同一水平面上时，必须将高处的纵向扫地杆向低处延长两跨与立杆固定，高低差不应大于 1m。靠边坡上方的立杆轴线到边坡的距离不应小于 500mm。

⑤ 结构承重的单、双排脚手架搭设高度不超过 20m，构造主要参数见表 4-3-1。

扣件式钢管脚手架构造参数　表 4-3-1

结构形式	用途	宽度(m)	立杆间距(m)	步距(m)	横向水平杆间距(m)
单排架	承重	1~1.2	1.5	1.2	1，一端伸入墙体不少于 0.24
单排架	装修	1~1.2	1.5	1.2	同上
双排架	承重	2~2.5	1.5	1.2	1
双排架	装修	2~2.5	1.5	1.2	1

立杆应纵成线、横成方,垂直偏差不得大于架高的1/200。立杆接长应使用对接扣件连接,相邻的两根立杆接头应错开500mm,不得在同一步架内。立杆下脚应设纵、横向扫地杆。

纵向水平杆在同一步架内纵向水平高差不得超过全长的1/300。纵向水平杆应使用对接扣件连接,相邻的两根纵向水平杆接头错开500mm,不得在同一跨内。

横向水平杆应设在纵向水平杆与立杆的交点处,与纵向水平杆垂直。横向水平杆端头伸出外立杆应大于100mm,伸出里立杆为450mm。

架高20m以上时,从两端起每7根立杆(一组)从下到上设连续式的剪刀撑,架高20m以下可设间断式剪刀撑(斜支撑),即从架子两端转角处开始(每7根立杆为一组)从下到上连续设置。剪刀撑钢管接长应用两只旋转扣件搭接,接头长度不小于500mm,剪刀撑与地面夹角为45°~60°。剪刀撑每节两端应用旋转扣件与立杆或横向水平杆扣牢。

⑥ 高度在20m以上的双排扣件式钢管脚手架,必须采用刚性连墙杆与建筑物可靠连接。高度在20m以下的单、双排脚手架,宜采用刚性连墙杆与建筑物可靠连接,亦可采用拉筋和顶撑配合使用的附墙连接方式。严禁使用仅有拉筋的柔性连墙杆。

⑦ 高层施工脚手架(高20m以上)在搭设过程中,必须以15~18m为一段,根据实际情况,采取撑、挑、吊等分阶段将荷载卸到建筑物的技术措施。

⑧ 一字形、开口形双排钢管扣件式脚手架的两端均必须设置横向斜撑。高度在20m以上的封闭型脚手架,除拐角应设置横向斜撑外,中间应每隔6跨设置一

道。横向斜撑应在同一节间,由底至顶层呈之字形连续布置。

4.3.3 门式钢管脚手架搭设

① 门式脚手架立杆离墙面净距不宜大于150mm,上、下榀门架的组装必须设置连接棒及锁臂,内外两侧均应设置交叉支撑并与门架立杆上的锁销锁牢。

② 门式脚手架的安装应自一端向另一端延伸,并逐层改变搭设方向,不得相对进行。交叉支撑、水平架或脚手板应紧随门架的安装及时设置。连接门架与配件的销臂、搭钩必须处于锁住状态。

③ 在门式脚手架的顶层门架上部、连墙杆设置层、防护棚设置处必须设置水平架。当门架搭设高度小于45m时,沿脚手架高度,水平架应至少两步一设;当门架搭设高度大于45m时,水平架应每步一设;无论脚手架多高,均应在脚手架转角处、端部及间断处的一个跨距范围内每步一设。

④ 水平架可由挂扣式脚手板或门架两侧设置的水平加固杆代替,在其设置层内应连续设置。当因施工需要,临时局部拆除脚手架内侧交叉支撑时,应在其上方及下方设置水平架。

⑤ 当门式脚手架高度超过20m时,应在门式脚手架外侧每隔4步设置一道连续水平加固杆,底部门架下端应加封口杆,门架的内、外侧设通长的扫地杆。水平加固杆应采用扣件与门架立柱扣牢。

4.3.4 木脚手架搭设

① 木脚手架的立杆应埋入地下0.3~0.5m,埋杆前先挖好土坑,将底部夯实并垫以砖石,如遇松土或者无法挖坑时,应绑扫地杆。木脚手架的立杆间距不得大

于1.5m，纵向水平杆间距不得大于1.2m，横向水平杆间距不得大于1.0m。

② 木脚手架的立杆和纵向水平杆应错开搭接，搭接长度不得小于1.5m。纵向水平杆搭接绑扎时小头应压在大头上，绑扣不得少于三道。立杆、纵向水平杆、横向水平杆三杆相交时，应先绑两根，再绑第三根，不得一扣绑三根。

③ 木脚手架立杆除顶层外，其余立杆搭接时均应大头朝下，顶层立杆应高出女儿墙上皮1.0m，高出檐口上皮1.5m。顶层顶步立杆搭接时，应小头朝下，大头朝上，顶端平齐，多余部分下错。

④ 木脚手架的步距宜为1.8m，底层步距不得超过2.0m，架体搭设高度不得超过25m。

⑤ 木脚手架与主体的拉结，可在主体内预埋钢筋环或在墙内侧放置短木棍，用双股8号钢丝从外侧立杆与纵向水平杆交叉处穿过钢筋环或捆牢短木棍拉紧，同时使横向水平杆或设顶撑顶住建筑物外立面。

⑥ 木脚手架的负荷量，不得超过 $2.7kN/m^2$。如果负荷量必须加大，木脚手架专项施工组织设计中应有设计计算。

4.3.5 单排脚手架搭设

① 单排脚手架的横向水平杆伸入墙内不得少于0.24m，伸出纵向水平杆外不得少于0.1m。通过门窗口和通道时，横向水平杆的间距大于1.0m应绑吊杆，间距大于2.0m时，吊杆下需加设顶杆。

② 单排脚手架不适用于下列情况：

A. 墙体厚度不大于180mm；

B. 建筑物高度超过24m；

C. 空斗砖墙、加气块墙等轻质墙体；

D. 砌筑砂浆强度等级不大于 M1.0 的砖墙。

4.3.6 里脚手架搭设

① 砌筑里脚手架铺设宽度不得小于 1.2mm，高度应保持低于外墙 0.2m，与墙面间距不大于 0.1m。里脚手的支架间距不得大于 1.5m，支架底脚要有垫木块，并支在能承受荷载的结构上。搭设双层架时，上下支架必须对齐，同时支架间应绑斜撑拉固。

② 里脚手架高度在 5m 以内时，可以采用抛撑稳固，高度超过 5m 时，必须采用连墙件与主体拉结或加宽架体。

③ 满堂红脚手架应采用钢管或门架，并根据荷载、支撑高度、使用面积等进行结构、构造设计，编制专项施工方案，施工时严格按方案实施。

④ 满堂红脚手架的纵、横距不应大于 2m，立柱底部应设置木垫板及底座，禁止使用砖及脆性材料铺垫。

⑤ 立柱的水平支撑必须纵横双向设置，并与主体结构拉结牢固，满堂红脚手架立柱四边及中间每隔四跨立柱设置一道纵向剪刀撑，立柱每增高 2m 时，增加一道水平支撑，每两步架设置一道水平剪刀撑。

4.3.7 附着升降脚手架搭设

① 操作人员必须经过专业培训。脚手架组装前，应根据专项施工组织设计要求，配备合格人员，明确岗位职责。对所有材料、工具和设备进行检验，不合格的产品严禁投入使用。

② 首层组装应在安装平台上进行，水平架及竖向主框架在两相邻附着支承结构处的高差不大于 20mm，竖向主框架和防倾导向装置的垂直偏差不应大于 5‰ 和

60mm，预留穿墙螺栓孔和预埋件应垂直于工程结构外表面，中心误差小于15mm。

③ 脚手架组装完毕，必须对各项安全保险装置、电气控制装置、升降动力设备、同步及荷载控制系统、附着支承点的连接件等进行仔细检查，在工程结构混凝土强度达到承载强度后，方可进行升降操作。

④ 第一次升降操作，必须由公司安全、技术部门验收认可，公司总工程师签证后方可进行。

⑤ 升降操作前应解除所有妨碍架体升降的障碍和约束。升降时，严禁操作人员停留在架体上。特殊情况需要上人的，必须采取有效安全防护措施。

⑥ 正在升降的脚手架下方严禁人员进入。升降时应设置安全警戒线，并设专人监护。如遇雨、雪、雷电等恶劣天气和五级以上大风天气，不应进行升降，夜间禁止升降作业。

⑦ 升降过程中应实行统一指挥，规范指令。升、降指令只能由总指挥一人下达，但有异常时，任何人均可立即发出停止指令。

⑧ 升降过程中，监护人员必须提高责任心，发现任何异常、异声及障碍物等，应立即停止，排除异常后，方可继续操作。

⑨ 脚手架升降到架体固定后，必须对附着支承和架体的固定、螺栓连接、碗扣和扣件、安全防护等进行检查，确认符合要求后，方可交付使用。

⑩ 架体上的施工荷载必须符合设计规定，严禁超载，严禁放置影响局部杆件安全的集中荷载，并应及时清理架体、设备及其他构配件上的垃圾和杂物。

⑪ 严禁利用架体吊运物件，不得在架体上拉结吊

装缆绳和推车,不得利用架体支顶模板。卸料平台不得和架体连在一起。

⑫ 严禁任意拆除结构构件或松动连接件,严禁拆除或移动架体上的安全防护设施。

⑬ 脚手架在使用过程中应每月进行一次全面检查。停用超过一个月时,应采取加固措施。

⑭ 螺栓连接件、升降动力设备、防倾装置、防坠装置、电控设备等应至少每月维护、保养一次。

⑮ 脚手架的拆除必须按专项施工组织设计进行,拆除时严禁抛掷物件,拆下的材料及设备应及时检修保养,不符合设计要求的必须予以报废。

4.3.8 吊篮脚手架搭设

① 吊篮操作人员必须身体健康,无高血压等疾病,经过培训和实习并取得合格证后,方可上岗操作,严禁在吊篮中嬉戏、打闹。

② 挑梁必须按设计规定与建筑结构固定牢固,挑梁挑出长度应保证悬挂吊篮的钢丝绳垂直地面,挑梁之间应用纵向水平杆连接成整体,挑梁与吊篮连接端应有防止钢丝绳滑脱的保护装置。

③ 安装屋面支承系统时必须仔细检查各处连接件及紧固件是否牢固,检查悬挑梁的悬挑长度是否符合要求,检查配重码放位置以及配重是否符合出厂说明书中的有关规定。

④ 屋面支承系统安装完毕后,方可安装钢丝绳,安全钢丝绳在外侧,工作钢丝绳在里侧,两绳相距150mm,钢丝绳应固定、卡紧,安全钢丝绳直径不得小于13mm。

⑤ 吊篮组装完毕,经过检查后运入指定位置,然

后接通电源试车，同时，由上部将工作钢丝绳分别插入提升机构及安全锁中，安全锁必须可靠固定在吊篮架体上，同时套在保险钢丝绳上。工作钢丝绳要在提升机运行中插入。接通电源时要注意相位，使吊篮能按正确方向升降。

⑥ 新购电动吊篮组装完毕后，应进行空载试运行6~8h，待一切正常后，方可开始负荷运行。

⑦ 吊篮内侧距建筑物间隙为0.1~0.2m，两个吊篮之间的间隙不得大于0.2m，吊篮的最大长度不宜超过8.0m，宽度为0.8~1.0m，高度不宜超过两层。吊篮外侧端部防护栏杆高1.5m，每边栏杆间距不大于0.5m，挡脚板不低于0.18m；吊篮内侧必须于0.6m和1.2m处各设防护栏杆一道，挡脚板不低于0.18m。吊篮顶部必须设防护棚，外侧与两端用密目网封严。

⑧ 吊篮内侧两端应装可伸缩的护墙轮等装置，使吊篮与建筑物在工作状态时能靠紧，吊篮较长时间停置一处时，应使用锚固器与建筑物拉结，需要移动时拆除。超过一层架高的吊篮要设爬梯，每层架的上下人孔要有盖板。

⑨ 吊篮脚手板必须与横向水平杆绑牢或卡牢固，不得有松动或探头板。

⑩ 吊篮上携带的材料和施工机具应安置妥当，不得使吊篮倾斜和超载。遇有雷雨天气或风力超过五级时，不得登吊篮操作。

⑪ 当吊篮停置于空中时，应将安全锁锁紧，需要移动时，再将安全锁放松，安全锁累计使用1000h必须进行定期检验和重新校定。

⑫ 电动吊篮在运行中如发生异常响声和故障，

必须立即停机检查，故障未经彻底排除，不得继续使用。

⑬ 如必须利用吊篮进行电焊作业时，应对吊篮钢丝绳进行全面防护，不得利用钢丝绳作为导电体。

⑭ 在吊篮下降着地前，应在地面垫好方木，以免损坏吊篮底脚轮。

⑮ 每班作业前应做以下例行检查：

A. 检查屋面支承系统、钢结构、配重、工作钢丝绳及安全钢丝绳的技术状况，有不符合规定者，应立即纠正。

B. 检查吊篮的机械设备及电气设备，确保其正常工作，并有可靠的接地设施。

C. 开动吊篮反复进行升降，检查起升机构、安全锁、限位器、制动器及电机工作情况，确认正常后方可正式运行。

D. 清扫吊篮中的尘土、垃圾、积雪和冰渣。

⑯ 每班作业后，应做好以下收尾工作：

A. 将吊篮内的垃圾杂物清扫干净，将吊篮悬挂于离地面3m处，撤去上下梯。

B. 使吊篮与建筑物拉紧，以防止大风骤起刮坏吊篮和墙面。

C. 切断电源，将多余的电缆及钢丝绳存放在吊篮内。

4.3.9 其他脚手架搭设

① 在门窗洞口搭设挑架（外挑脚手架），斜杆与墙面的夹角一般不大于30°，并应支承在建筑物的牢固部分，不得支承在窗台板、窗檐、线脚等地方。墙内纵向水平杆两端都必须伸过门窗洞口两侧不少于250mm。

挑架所有受力点都要绑双扣，并按4.3.1一般要求中第⑨条要求设置防护栏杆和挡脚板。

② 金属挂架的间距，一般不得大于2m。预埋的挂环（钢销片）必须牢固，挂环距门窗洞口两侧不得少于240mm。600mm的窗间墙只准设一个挂环，最上一层的挂环要设在顶板下不少于750mm。安挂架时，应两人配合操作，插销必须插牢，挂钩插入圆孔内必须垂直挂到底，支承钢板要紧贴于墙面。在建筑物转角处，应挑出水平杆，互相绑牢。

4.4 安全网架设

① 在无可靠防护措施的高处临边架设或拆除安全网，作业人员必须使用安全带，衣服、鞋子必须符合高处作业的安全要求。

② 作业应由作业班长或其指定的熟练人员指挥，并严格遵守专项施工组织设计及安全技术书面交底的要求作业。所用工具、材料必须有防止滑脱及坠落的措施。

③ 挂设安全平网时，其作业点的上方及下方不得有其他工种作业。遇有恶劣天气（如风力在六级以上时），禁止进行露天高处架设作业。

④ 架设安全网作业使用的所有材料及材质，必须经过检查并符合专项安全施工组织设计的要求。

⑤ 安全网的支撑系统，宜选用脚手架钢管，也可使用木或竹材料搭设。当使用脚手架钢管时，其材质应符合4.2脚手架材质要求第（1）条的规定。使用木或竹材料搭设时，木杆的有效直径不得小于70mm并符合4.2脚手架材质要求第（3）条的规定，竹竿的有效直径不得小于80mm并符合4.2脚手架材质要求第（4）

条的规定。严禁使用不同材质的材料混搭。

⑥ 企业购入安全网,应分进货批次记录存档。记录应载明进货日期,供货商及地址、电话,产品名称及分类标记,制造商、商标及地址、电话,制造日期(或编号)或批号,有效期限,生产许可证编号及其他必须填写的内容,使用的工程项目名称以及使用时间等,以便发生问题时追溯。

⑦ 使用过一次以上的旧网调入其他工程使用,必须附原始记录及其使用记录,并必须按规定进行耐冲击性能检验和耐贯穿性能检验,合格后方可投入使用。当使用单位无此项检验能力时,应委托具有法定资格的检验检测单位进行,检验记录应留档存查。对超出产品有效期限的旧网,不得投入使用,必须作报废处理。

⑧ 首次使用的新网,在开拆包装物前应对包装物上的产品标志进行检查,产品标志记载内容表明产品不符合国家标准或与实际使用用途不符的,不得投入使用。产品标志应符合下列要求:

A. 产品名称及分类标记内容符合使用要求;

B. 网目边长符合国家标准和使用要求;

C. 制造商名称及地址清晰;

D. 有制造日期(或编号)或生产批号;

E. 有有效期限且产品在有效期限内;

F. 有产品生产许可证编号。

⑨ 安全立网应符合下列要求:

A. 用锦纶、维纶、涤纶或其他的耐候性不低于上述品种耐候性的材料制成。

B. 同一张安全网上的同种构件的材料、规格和制作方法必须一致。外观应平整。

C. 网的宽度不得小于 3m,产品规格偏差允许在 ±2% 以下。每张网的重量不超过 15kg。

D. 菱形或方形的网目,网目边长不得大于 80mm。

E. 边绳与网体连接必须牢固。

F. 系绳沿网边均匀分布,长度应不小于 0.8m,相邻两系绳间距应不大于 0.75m。

G. 阻燃安全网的续燃、阻燃时间均不得大于 4s。

⑩ 安全平网应符合下列要求:

A. 符合第⑨条的规定。

B. 网体纵、横向应设有筋绳,筋绳分布应均匀合理,两根相邻筋绳的间距不小于 0.3m。

⑪ 密目式安全立网应符合下列要求:

A. 网目密度不低于 2000 目/100cm^2。

B. 网体各边缘部位的开眼环扣必须牢固可靠,孔径不低于 8mm。

C. 网体缝线不得有跳针、漏缝,缝边应均匀。

D. 一张网体上不允许有一个以上的接缝,且接缝部位应端正牢固。

E. 不得有断纱、破洞、变形及有碍使用的编织缺陷。

F. 阻燃安全网的续燃、阻燃时间均不得大于 4s。

⑫ 严禁用安全立网代替安全平网。

⑬ 架设安全平网,应在拟架设楼层紧贴外墙面连续设置横杆一道,用以固定安全平网的里口。

⑭ 固定安全平网里、外口的横杆应采用搭接的方式接长。钢管的搭接长度不应小于 1.0m,使用两个以上的旋转扣件扣牢;木、竹材料的搭接长度不应小于 1.5m,绑扎不少于三道。

⑮ 支撑斜杆的设置间距,应符合设计的要求。当无设计要求时,不应大于 3.0m。支撑斜杆的下端应有牢固的固定措施。

⑯ 网的边绳与支撑杆件应贴紧,每根系绳都必须与支撑杆件系结,安全平网的筋绳也必须与支撑杆件系结。

⑰ 首层安全平网的安装高度,其网体最低点距地面的距离不宜小于 4m,与下方物体的距离应不小于 3.0m。网的宽度应不小于 5m。

⑱ 每道层间网的间距,不得大于 10m。层间网及随层网安装时,网面宜外高里低,与水平面的夹角约为 15°。安装后的平网网面不宜绷得过紧,应有一定的松弛度,并使网片初始下垂的最低点与支撑架挑支杆件的距离不低于 1.5m。层间网及随层网的安装宽度,推荐 3.0m 宽的平网安装后其水平投影宽度约为 2.5m,可在斜支撑杆上设置水平拉杆,以控制支撑斜杆的角度及网面的松弛度。

⑲ 多张网连接使用时,两张网相邻部分应靠紧或重叠,并用与网体材料相同的连接绳连续地锁紧,不得漏锁和形成漏洞。

⑳ 在建筑物的拐角、阳台口及平面形状突出部位,安全平网要整体连接,不得中断,不得出现任何漏洞。

㉑ 电梯井口、采光井和螺旋式楼梯口等处,除按《建筑施工高处作业安全技术规范》JGJ 80 的规定设置防护外,还应在井口内首层及每隔 10m 设置一道安全平网。

㉒ 立网的边绳与支撑架体应贴紧。安全立网安装平面应垂直于水平面,并与作业面边缘最大间隙不超过 100mm;密目式安全立网的边缘与作业人员工作面应贴紧密合。

㉓ 当安全立网安装在脚手架临边侧作封闭防护时,

立网应挂设在架体外侧。上道网与下道网之间应采用搭接的方式,除搭接部分必须用纤维绳连续地锁紧外,还应将搭接部位在临近纵向水平杆上用系绳系结。在水平方向上,网与网的连接必须紧密,不得留有缝隙。

㉔ 当密目式安全立网安装在脚手架临边侧作封闭防护时,密目式安全立网应挂设在脚手架立杆的内侧,网的边绳必须与下部脚手架纵向水平杆贴紧,与下部脚手架纵向水平杆的间隙不得超过 100mm。在水平方向上,网与网之间的连接必须紧密,不得留有缝隙。

㉕ 安全立网的每根系绳都必须与支撑杆件系结。密目式安全立网的每个开眼环扣都必须穿入强度符合要求的纤维绳与支撑杆件系结,或作网与网之间的连接;也可采用不小于 14 号的钢丝绑扎,但绑扎钢丝的端头应妥善处理,必须朝下并朝网体外侧。

㉖ 安全网架设完毕,必须经过验收,合格后方可投入使用。

㉗ 安全网在使用期间,其网架和支撑系统严禁随意拆除,并必须有专人进行维护和检查,安全网上落物污染应及时清理。如存在网体系绳松脱、搭接处脱开、支撑杆件松动等情况时,应及时修复。当安全网存在下列情况时应及时更换:

A. 安全平网受到较大冲击后;
B. 有严重的变形和磨损;
C. 霉变;
D. 断裂或破洞等。

㉘ 安全网经单位工程负责人检查验证并确认不再需要时,方可拆除。拆除作业应自上而下进行,作业位置的上方与下方不得有其他工种人员作业,地面应设置

警戒区域并有专人监护。所有拆下的材料应传递至楼层内分类堆放,严禁随意抛掷。

4.5 坡道搭设

① 脚手架运料坡道宽度不得小于 1.5m,坡度以 1∶6(高∶长)为宜。人行坡道,宽度不得小于 1m,坡度不得大于 1∶3.5。

② 立杆、纵向水平杆间距应与结构脚手架相适应,单独坡道的立杆、纵向水平杆间距不得超过 1.5m。横向水平杆间距不得大于 1m,坡道宽度大于 2m 时,横向水平杆中间应加吊杆,并每隔 1 根立杆在吊杆下加绑托杆和八字戗。

③ 脚手板应铺严、铺牢。对头搭接时板端部分应用双横向水平杆。搭接板的板端应搭过横向水平杆 200mm,并用三角木填顺板头凸棱。斜坡坡道的脚手板应钉防滑条,防滑条厚度 30mm,间距不得大于 300mm。

④ 之字坡道的转弯处应搭设平台,平台面积应根据施工需要,但宽度不得小于 1.5m。平台应绑剪刀撑或八字戗。

⑤ 坡道及平台必须绑两道护身栏杆和 180mm 高度的挡脚板。

4.6 脚手架拆除

① 脚手架经单位工程负责人检查验证并确认不再需要时,方可拆除。拆除前,应对脚手架进行全面检查并清除脚手架上的材料、工具和杂物。

② 拆除脚手架时,周围应设围栏或警戒标志,并

设专人看管，禁止入内。

③ 脚手架的拆除应由上而下，从一端向另一端，逐层进行，一步一清，严禁上下同时作业。同一层的构配件和加固杆件应按先上后下，先外后里的顺序进行拆除。除安全网、栏杆应站在本层拆除外，其余各部分必须站在下层拆上层。拆除纵向水平杆、剪刀撑时，应先拆中间扣，再拆两头扣，由中间操作人往下顺杆子，最后拆除连墙件。严禁先将连墙件整层或数层拆除后再拆除脚手架。

④ 分段拆除脚手架所形成的高差不应大于两步，如高差大于两步，应增设连墙件加固。当脚手架采用分立面拆除时，对不拆除的脚手架两端，应按规定设置连墙件、横向斜撑等加固杆件进行加固。

⑤ 当脚手架拆至下部最后一根长立杆的高度（约6.5m）时，应先在适当位置搭设临时抛撑加固后，再拆除连墙件。

⑥ 拆除过程中，严禁使用榔头等硬物击打、撬、挖。拆下的脚手杆、脚手板、钢管、扣件、钢丝绳等材料，应向下传递或用垂直运输机械吊运至地面，严禁抛掷。

4.7 有关安全生产法规、制度（摘选）

4.7.1 建设工程施工现场安全防护标准

北京市建设工程施工现场安全防护标准

（2003年1月14日）

第一章 总 则

第一条 为贯彻"安全第一、预防为主"的方针，加强北京市建设施工安全管理工作,保证职工在生产过程中的安全和健康,促进生产。根据《中华人民共和国建筑法》《中华人民共和国安全生产法》和《北京市建设工程施工现场管理办法》等有关法规,结合施工现场的实际情况,制定本标准。

第二条 凡在北京市行政区域内从事建设工程的新建、扩建、改建等有关活动的单位和个人,均应执行本标准。

本标准所称建设工程,是指土木工程、建筑工程、线路管道工程、设备安装工程及装饰装修工程。

第二章 基槽、坑、沟,大孔径桩、扩底桩及模板工程防护

第一条 在基础施工前及开挖槽、坑、沟土方前,建设单位必须以书面形式向施工企业提供详细的与施工现场相关的地下管线资料,施工企业采取措施保护地下各类管线。

第二条 基础施工前应具备完整的岩土工程勘察报告及设计文件。

第三条 土方开挖必须制定保证周边建筑物、构筑物安全的措施并经技术部门审批后方准施工。

第四条 雨期施工期间基坑周边必须要有良好的排水系统和设施。

第五条 危险处和通道处及行人过路处开挖的槽、坑、沟,必须采取有效的防护措施,防止人员坠落,夜间应设红色标志灯。

第六条 开挖槽、坑、沟深度超过1.5m,应根据土质和深度情况按规定放坡或加可靠支撑,并设置人员

上下坡道或爬梯，爬梯两侧应用密目网封闭。

开挖深度超过 2m 的，必须在边沿处设立 2 道防护栏杆，用密目网封闭。

基坑深度超过 5m 的，必须编制专项施工安全技术方案，经企业技术部门负责人审批，由企业安全部门监督实施。

第七条 槽、坑、沟边 1m 以内不得堆土、堆料，停置机具。

第八条 大孔径桩及扩底桩施工，必须严格执行《北京地区大直径灌注桩规程》DBJ 01—502—99。

第九条 人工挖大孔径桩的施工企业必须具备总承包一级以上资质或地基与基础工程专业承包一级资质。

第十条 编制人工挖大孔径桩及扩底桩施工方案必须经企业负责人、技术负责人签字批准。

第十一条 挖大孔径桩及扩底桩必须制定防坠人、落物、坍塌、人员窒息等安全措施。挖大孔径桩必须采用混凝土护壁，混凝土强度达到规定的强度和养护时间后，方可进行下层土方开挖。下孔作业前应进行有毒、有害气体检测，确认安全后方可下孔作业。孔下作业人员连续作业不得超过 2 小时，并设专人监护。施工作业时，保证作业区域通风良好。

第十二条 基础施工时的降排水（井点）工程的井口，必须设牢固防护盖板或围栏和警示标志。完工后，必须将井口填实。

第十三条 深井或地下管道施工及防水作业区，应采取有效的通风措施，并进行有毒、有害气体检测。特殊情况必须采取特殊防护措施，防止发生中毒事故。

第十四条 模板工程施工前应编制施工方案（包括

模板及支撑的设计、制作、安装和拆除的施工工序以及运输、存放的要求），经技术部门负责人审批后方可实施。

第十五条 模板及其支撑系统在安装拆卸过程中，必须有临时固定措施，严防倾覆。大模板施工中操作平台、上下梯道、防护栏杆、支撑等作业系统必须齐全有效。

第十六条 模板拆除应按区域逐块进行，并设警戒区，严禁非操作人员进入作业区。

第三章　脚手架作业防护

第一条 脚手架支搭及所用构件必须符合国家规范。

第二条 钢管脚手架应用外径 48～51mm，壁厚 3～3.5mm，无严重锈蚀、弯曲、压扁或裂纹的钢管。木脚手架应用小头有效直径不小于 8cm，无腐朽、折裂、枯节的杉篙，脚手杆件不得钢木混搭。

结构脚手架立杆间距不得大于 1.5m，纵向水平杆（大横杆）间距不得大于 1.2m，横向水平杆（小横杆）间距不得大于 1m。

装修脚手架立杆间距不得大于 1.5m。纵向水平杆（大横杆）间距不得大于 1.8m，横向水平杆（小横杆）间距不得大于 1.5m。

施工现场严禁使用杉篙支搭承重脚手架。

第三条 脚手架基础必须平整坚实，有排水措施，满足架体支搭要求，确保不沉陷，不积水。其架体必须支搭在底座（托）或通长脚手板上。

第四条 脚手架施工操作面必须满铺脚手板，离墙面不得大于20cm，不得有空隙和探头板、飞跳板。操作面外侧应设1道护身栏杆和1道18cm高的挡脚板。脚手架施工层操作面下方净空距离超过3m时，必须设置1道水平安全网，双排架里口与结构外墙间水平网无法防护时可铺设脚手板。架体必须用密目安全网沿外架内侧进行封闭，安全网之间必须连接牢固，封闭严密，并与架体固定。

第五条 脚手架必须按楼层与结构拉接牢固，拉接点垂直距离不得超过4m，水平距离不得超过6m。拉接必须使用刚性材料。20m以上高大架子应有卸荷措施。

第六条 脚手架必须设置连续剪刀撑（十字盖）保证整体结构不变形，宽度不得超过7根立杆，斜杆与水平面夹角应为45°～60°。

第七条 特殊脚手架和高度在20m以上的高大脚手架必须有设计方案，并履行验收手续。

第八条 结构用的里、外承重脚手架，使用时荷载不得超过 $2646N/m^2$（$270kg/m^2$）。装修用的里、外脚手架使用荷载不得超过 $1960N/m^2$（$200kg/m^2$）。

第九条 在建工程（含脚手架具）的外侧边缘与外电架空线的边线之间，应按规范保持安全操作距离。特殊情况，必须采取有效可靠的防护措施。护线架的支搭应采用非导电材质，其基础立杆地埋深度为30～50cm，整体护线架要有可靠支顶拉接措施，保证架体稳固。

第十条 人行马道宽度不小于1m，斜道的坡度不大于1∶3；运料马道宽度不小于1.5m，斜道的坡度不大于1∶6。拐弯处应设平台，按临边防护要求设置防护栏杆及挡脚板，防滑条间距不大于30cm。

第四章 工具式脚手架作业防护

第一条 使用工具式脚手架必须经过设计和编制施工方案,经技术部门负责人审批。

第二条 从事附着升降脚手架施工的企业必须取得"附着升降脚手架专业承包"资质。

第三条 附着升降脚手架必须符合《建筑施工附着升降脚手架管理暂行规定》(建建[2000]230号)。附着升降脚手架(含挂架、吊篮架)施工作业面必须用脚手板铺设坚实、严密,设1道18cm高的挡脚板,架体沿外排内侧用密目安全网进行封闭,吊篮架里侧应加设2道1.2m高护身栏杆,作业面外侧应设1道护身栏杆,紧贴底层脚手板下方应兜设安全网。

第四条 吊篮外侧及两侧面应用密目安全网封挡严密。附着升降脚手架、挂架、吊篮架等在使用过程中,其下方必须按高处作业标准设置首层水平安全网,吊篮应与建筑物拉牢。

第五条 吊篮升降时必须使用独立的保险绳,绳径不小于12.5mm,操作人员佩戴好安全带。

第六条 悬挑梁挑出的长度必须使吊篮的钢丝绳垂直地面,采取有效措施保证挑梁的强度、刚度、稳定性能满足施工安全需要。钢丝绳有防止脱离挑梁的措施。吊篮的后铆固预留钢筋环应有足够强度,后铆固点建筑物强度必须满足施工需要。

第七条 吊篮架长度不得大于6m。

第八条 外挂架悬挂点采用穿墙螺栓的,穿墙螺栓必须有足够的强度满足施工需要,穿墙螺栓加垫板并用双螺母紧固,同时悬挂点处的建筑物结构强度必须满足施工需要。

第九条 钢丝绳与棱角物体的接触部位采取措施防止对钢丝绳的剪切破坏。

第十条 电梯井承重平台、物料周转平台必须制定专项方案,并履行验收手续。

第十一条 物料周转平台上的脚手板应铺严绑牢,平台周围须设置不低于1.5m高的防护围栏,围栏里侧用密目安全网封严,下口设置18cm挡脚板,护栏上严禁搭设物品,平台应在明显处设置标志牌,规定使用要求和限定荷载。

第五章 物料提升机(井字架、龙门架)使用防护

第一条 井字架(龙门架)的使用应符合《龙门架及井架物料提升机安全技术规范》JGJ 88的要求,制定施工方案、操作规程及检修制度,并履行验收手续。

第二条 拆除、安装物料提升机要进行安全交底,划定防护区域,专人监护。

第三条 物料提升机吊笼必须使用定型的停靠装置,设置超高限位装置,使吊笼动滑轮上升最高位置与天梁最低处的距离不小于3m。天梁应使用型钢,经设计计算确定。

第四条 卷扬机安装在平整坚实位置上,应设置防雨、防砸操作棚,操作人员要有良好的操作视线和联系方法。因条件限制影响视线,必须设置专门的信号指挥人员或安装通信装置。

第五条 卷扬机安装必须要牢固可靠,钢丝绳不得拖地使用,凡经通道处的钢丝绳应予以遮护。

第六条 提升钢丝绳不得接长使用,端头与卷筒用压紧装置卡牢。钢丝绳端部固定绳卡与绳径匹配,数量不少于4个,其间距不小于绳径的6倍,绳卡滑鞍放在受力绳一侧。

第七条 物料提升机应设置附墙架,附墙架材质应与架体材质相符。附墙架与架体及建筑物之间采用刚性件连接,不得连接在脚手架上。附墙架设置要符合设计要求,但间隔不大于9m,且在建筑物顶层要设置附墙架。

第八条 当物料提升机受到条件限制无法设置附墙架时,可采用缆风绳稳固架体。缆风绳选用钢丝绳,绳径不小于9.3mm。20m以下的设一组缆风绳,每增加10m加设1组,每组4根,缆风绳与地面夹角在60°至45°之间,下端与地锚相连,地锚按规定设置。必须使用花篮螺栓调节拉紧钢丝绳。

第九条 井字架(龙门架)、外用电梯首层进料口一侧应搭设长度不小于3~6m,宽于架体(梯笼)两侧各1m,高度不低于3m的防护棚,防护棚两侧必须用密目安全网进行封闭,楼层卸料平台应平整、坚实,便于施工人员施工和行走,并设置可靠的工具式防护门,两侧应绑2道护身栏,并用密目网封闭。

第六章 "三宝"、"四口"和临边防护

第一条 进入施工现场的人员,必须正确佩戴安全帽。安全帽规格必须符合GB 2811—1989标准。

第二条 凡在坠落高度基准面2m以上(含2m),无法采取可靠防护措施的高处作业人员必须正确使用安全带,安全带规格必须符合GB 6095—1985标准。

第三条 施工现场使用的安全网、密目式安全网必须符合 GB 5725—1997、GB 16909—1997 标准。

第四条 企业安全部门对安全防护用品进行严格管理。

第五条 1.5m×1.5m 以下的孔洞，用坚实盖板盖住，有防止挪动、位移的措施。1.5m×1.5m 以上的孔洞，四周设 2 道防护栏杆，中间支挂水平安全网。结构施工中伸缩缝和后浇带处加固定盖板防护。

第六条 电梯井口必须设高度不低于 1.2m 的金属防护门。

第七条 电梯井内首层和首层以上每隔 4 层设 1 道水平安全网，安全网应封闭严密。

第八条 管道井和烟道必须采取有效防护措施，防止人员、物体坠落。墙面等处的竖向洞口必须设置固定式防护门或设置 2 道防护栏杆。

第九条 结构施工中电梯井和管道竖井不得作为垂直运输通道的垃圾通道。

第十条 楼梯踏步及休息平台处，必须设 2 道牢固防护栏杆或立挂安全网。回转式楼梯间支设首层水平安全网，每隔 4 层设 1 道水平安全网。

第十一条 阳台栏板应随层安装，不能随层安装的，必须在阳台临边处设 2 道防护栏杆，用密目网封闭。

第十二条 建筑物楼层邻边四周，未砌筑、安装围护结构时，必须设 2 道防护栏杆，立挂安全网。

第十三条 建筑物出入口必须搭设宽于出入通道两侧的防护棚，棚顶应满铺不小于 5cm 厚的脚手板。通道两侧用密目安全网封闭。多层建筑防护棚长度不小于 3m，高层不小于 6m，防护棚高度不低于 3m。

第十四条 因施工需要临时拆除洞口、临边防护的，必须设专人监护，监护人员撤离前必须将原防护设施复位。

第七章 高处作业防护

第一条 高处作业施工要遵守《建筑施工高处作业安全技术规范》JGJ 80。

第二条 使用落地式脚手架必须使用密目安全网沿架体内侧进行封闭，网之间连接牢固并与架体固定，安全网要整洁美观。

第三条 凡高度在 4m 以上的建筑物不使用落地式脚手架的，首层四周必须支固定 3m 宽的水平安全网（高层建筑支 6m 宽双层网）网底距接触面不得小于 3m（高层不得小于 5m）。高层建筑每隔 4 层还应固定 1 道 3m 宽的水平安全网，网接口处必须连接严密。支搭的水平安全网直至无高处作业时方可拆除。

第四条 在 2m 以上高度从事支模、绑钢筋等施工作业时必须有可靠防护的施工作业面，并设置安全稳固的爬梯。

第五条 物料必须堆放平稳，不得放置在临边和洞口附近，也不得妨碍作业、通行。

第六条 建筑施工对施工现场以外人或物可能造成危害的，应当采取安全防护措施。

第七条 施工交叉作业时，应当制定相应的安全措施，并指定专职人员进行检查与协调。

第八章 料具存放安全要求

第一条 设置模板存放区必须设 1.2m 高围栏进行

围挡。模板存放场地必须平整夯实，模板必须对面码放整齐，保证70°～80°的自稳角。长期存放的大模板必须有拉杆连接绑牢等可靠的防倾倒措施。没有支撑的大模板应存放在专门设计的插放架内。

第二条 清理模板和刷隔离剂时必须将模板支撑牢固，防止倾覆，并应保证两模板间不小于60cm。

第三条 砌块、小钢模应保证码放稳固、规范，高度不得超过1.5m。

第四条 存放的水泥等袋装材料或砂石料等散装材料严禁靠墙码垛、存放。

第五条 砌筑1.5m以上高度的基础挡土墙、现场围挡墙、砂石料围挡墙必须有专项措施，确保施工时围墙稳定。基础挡土墙一次性砌筑不得超过2m，并且要分步进行回填。

第六条 各类悬挂物以及各类架体必须采取牢固稳定措施。临时建筑物应按规定要求搭建，保证建筑物自身安全。

第九章 临时用电安全防护

第一条 施工现场临时用电必须按照部颁《施工现场临时用电安全技术规范》JGJ 46 的要求，编制临时用电施工组织设计，建立相关的管理文件和档案资料。

第二条 总包单位与分包单位必须订立临时用电管理协议，明确各方相关责任。分包单位必须遵守现场管理文件的约定，总包单位必须按照规定落实对分包单位的用电设施和日常施工的监督管理。

第三条 施工现场临时用电工程必须由电气工程技术人员负责管理，明确职责，并建立电工值班室和配电室，确定电气维修和值班人员。现场各类配电箱和开关箱必须确定检修和维护责任人。

第四条 临时用电配电线路必须按规范架设整齐，架空线路必须采用绝缘导线，不得采用塑胶软线。电缆线路必须按规定沿附着物敷设或采用埋地方式敷设，不得沿地面明敷设。

第五条 各类施工活动应与内、外电线路保持安全距离，达不到规范规定的最小安全距离时，必须采用可靠的防护和监护措施。

第六条 配电系统必须实行分级配电。各级配电箱、开关箱的箱体安装和内部设置必须符合有关规定，箱内电器必须可靠完好，其选型、定值要符合规定，开关电器应标明用途，并在电箱正面门内绘有接线图。

第七条 各类配电箱、开关箱外观应完整、牢固、防雨、防尘，箱体应外涂安全色标，统一编号，箱内无杂物。停止使用的配电箱应切断电源，箱门上锁。固定式配电箱应设围栏，并有防雨防砸措施。

第八条 独立的配电系统必须按部颁规范采用三相五线制的接零保护系统，非独立系统可根据现场实际情况采取相应的接零或接地保护方式。各种电气设备和电力施工机械的金属外壳、金属支架和底座必须按规定采取可靠的接零或接地保护。

第九条 在采用接零或接地保护方式的同时，必须逐级设置漏电保护装置，实行分级保护，形成完整的保护系统。漏电保护装置的选择应符合规定。

第十条 现场金属架构物（照明灯架、垂直提升装置、超高脚手架）和各种高大设施必须按规定装设避雷装置。

第十一条 手持电动工具的使用,依据国家标准的有关规定采用Ⅱ类、Ⅲ类绝缘型的手持电动工具。工具的绝缘状态、电源线、插头和插座应完好无损,电源线不得任意接长或调换,维修和检查应由专业人员负责。

第十二条 一般场所采用220V电源照明的必须按规定布线和装设灯具,并在电源一侧加装漏电保护器。特殊场所必须按国家标准规定使用安全电压照明器。

第十三条 施工现场的办公区和生活区应根据用途按规定安装照明灯具和使用用电器具。食堂的照明和炊事机具必须安装漏电保护器。现场凡有人员经过和施工活动的场所,必须提供足够的照明。

第十四条 使用行灯和低压照明灯具,其电源电压不应超过36V,行灯灯体与手柄应坚固、绝缘良好,电源线应使用橡套电缆线,不得使用塑胶线。行灯和低压灯的变压器应装设在电箱内,符合户外电气安装要求。

第十五条 现场使用移动式碘钨灯照明,必须采用密闭式防雨灯具。碘钨灯的金属灯具和金属支架应做良好接零保护,金属架杆手持部位采取绝缘措施。电源线使用护套电缆线,电源侧装设漏电保护器。

第十六条 使用电焊机应单独设开关,电焊机外壳应做接零或接地保护。一次线长度应小于5m,二次线长度应小于30m。电焊机两侧接线应接牢固,并安装可靠防护罩。电焊把线应双线到位,不得借用金属管道、金属脚手架、轨道及结构钢筋作回路地线。电焊把线应使用专用橡套多股软铜电缆线,线路应绝缘良好,无破损、裸露。电焊机装设应采取防埋、防浸、防雨、防砸措施。交流电焊机要装设专用防触电保护装置。

第十七条 施工现场临时用电设施和器材必须使用

正规厂家的合格产品,严禁使用假冒伪劣等不合格产品。安全电气产品必须经过国家级专业检测机构认证。

第十八条 检修各类配电箱、开关箱,电器设备和电力施工机具时,必须切断电源,拆除电气连接并悬挂警示标牌。试车和调试时应确定操作程序和设立专人监护。

第十章 施工机械安全防护

第一条 施工现场使用的机械设备(包括自有、租赁设备)必须实行安装、使用全过程管理。

第二条 施工现场要为机械作业提供道路、水电、临时机棚或停机场地等必需的条件,确保使用安全。

第三条 机械设备操作应保证专机专人,持证上岗,严格落实岗位责任制,并严格执行清洁、润滑、紧固、调整、防腐的"十字作业法"。

第四条 施工现场的起重吊装必须由专业队伍进行,信号指挥人员必须持证上岗。起重吊装作业前应根据施工组织设计要求,划定施工作业区域,设置醒目的警示标志和专职的监护人员。起重回转半径与高压电线必须保持安全距离。

第五条 现场构件应有专人负责,合理存放,并在施工组织设计中明确吊装方法。起重机械司机及信号人员应熟知和遵守设备性能及施工组织设计中吊装方法的全部内容。多机抬吊时单机负载不得超过该机额定起重量的80%。

第六条 因场地环境影响塔式起重机易装难拆的现场,安装拆除方案必须同时制定。

第七条 塔式起重机路基和轨道的铺设及起重机的

安装必须符合国家标准及原厂使用规定,并办理验收手续。经检验合格后,方可使用。使用中定期进行检测。

第八条 塔式起重机的安全装置(四限位、两保险)必须齐全、灵敏、可靠。

第九条 群塔作业方案中,应保证处于低位的塔式起重机臂架端部与相邻塔式起重机塔身之间至少有2m的距离。配备固定的信号指挥和相对固定的挂钩人员。

第十条 塔式起重机吊装作业时,必须严格遵守施工组织设计和安全技术交底中的要求,吊物严禁超出施工现场的范围。六级以上强风必须停止吊装作业。

第十一条 外用电梯的基础做法、安装和使用必须符合规定。安装与拆除必须由具有相应资质的企业进行,认真执行安全技术交底及安装工艺要求。如遇特殊情况(附墙距离需作调整等)应由机务、技术部门制定方案,经总工程师审批后实施。

第十二条 外用电梯的制动装置、上下极限限位、门联锁装置必须齐全、灵敏、有效,限速器应能符合规范要求,并在安装完成后进行吊笼的防坠落试验。

第十三条 外用电梯司机必须持证上岗,熟悉设备的结构、原理、操作规程等。班前必须坚持例行保养。设备接通电源后,司机不得离开操作岗位,监督运载物料时做到均衡分布,防止倾翻和外漏坠落。

第十四条 施工现场塔式起重机、外用电梯、电动吊篮等机械设备必须有市建委颁发的统一编号;安装单位必须具备资质,作业人员持有特种作业操作证。同一台设备的安装和顶升、锚固必须由同一单位完成,安装完毕后填写验收表,数据必须量化,验收合格后方可使用。

第十五条 施工现场机械设备安全防护装置必须保

证齐全、灵敏、可靠。

第十六条　施工现场的木工、钢筋、混凝土、卷扬机械、空气压缩机必须搭设防砸、防雨的操作棚。

第十七条　各种机械设备要有安装验收手续，并在明显部位悬挂安全操作规程及设备负责人的标牌。

第十八条　认真执行机械设备的交接班制度，并做好交接班记录。

第十九条　施工现场机械严禁超载和带病运行，运行中禁止维护保养；操作人员离机或作业中停电时，必须切断电源。

第二十条　蛙式打夯机必须使用单向开关，操作扶手要采取绝缘措施。

第二十一条　蛙式打夯机必须两人操作，操作人员必须戴绝缘手套和穿绝缘鞋。严禁在夯机运转时清除积土。夯机用后应切断电源，遮盖防雨布，并将机座垫高停放。

第二十二条　固定卷扬机机身必须设牢固地锚。传动部分必须安装防护罩，导向滑轮不得使用开口拉板式滑轮。

第二十三条　操作人员离开卷扬机或作业中停电时，应切断电源，将吊笼降至地面。

第二十四条　搅拌机使用前必须支撑牢固，不得用轮胎代替支撑。移动时，必须先切断电源。启动装置、离合器、制动器、保险链、防护罩应齐全完好，使用安全可靠。搅拌机停止使用时，应将料斗升起，且必须挂好上料斗的保险链。料斗的钢丝绳达到报废标准时必须及时更换。维修、保养、清理时必须切断电源，设专人监护。

第二十五条 圆锯的锯盘及传动部位应安装防护罩,并设置保险档、分料器。凡长度小于50cm,厚度大于锯盘半径的木料,严禁使用圆锯。破料锯与横截锯不得混用。

第二十六条 砂轮机应使用单向开关。砂轮必须装设不小于180°的防护罩和牢固可调整的工作托架。严禁使用不圆、有裂纹和磨损剩余部分不足25mm的砂轮。

第二十七条 平面刨、手压刨安全防护装置必须齐全有效。

第二十八条 吊索具必须使用合格产品。

第二十九条 钢丝绳应根据用途保证足够的安全系数。凡表面磨损、腐蚀、断丝超过标准的,或打死弯、断股、油芯外露的不得使用。

第三十条 吊钩除正确使用外,应有防止脱钩的保险装置。

第三十一条 卡环在使用时,应保证销轴和环底受力。吊运大模板、大灰斗、混凝土斗和预制墙板等大件时,必须使用卡环。

第三十二条 进入施工现场的车辆必须有专人指挥。

第三十三条 严格执行"十不吊"的原则。

第十一章 一般要求

第一条 工程安全管理必须坚持"安全第一、预防为主"的方针,建立健全安全生产责任制度和群防群治制度。

第二条 对施工人员必须进行安全生产教育。

第三条 进入现场人员必须使用符合国家、行业标准的劳动保护用品。

第四条 从事电气焊、剔凿、磨削等作业人员应使用面罩、护目镜。

第五条 特种作业人员必须持证上岗,并配备安全防护用品。

第十二章 资料管理

第一条 总包与分包的安全管理协议书。

第二条 项目部安全生产管理体系及责任制。

第三条 基础、结构、装修阶段的各种安全措施及安全交底;模板工程施工组织设计及审批;高大、异型脚手架设计方案、审批及验收;各类脚手架的验收手续;施工单位保护地下管线的措施。

第四条 各类安全防护设施的验收记录。

第五条 防护用品合格证及检测资料。

第六条 临时用电施工组织设计、变更资料及审批手续;电气安全技术交底。

第七条 临时用电验收记录;电气设备测试、调试记录;接地电阻摇测记录;电工值班、维修记录。

第八条 临时用电器材产品认证、出厂合格证。

第九条 机械设备布置平面图。

第十条 机械租赁合同(包括资质证明复印件)及安全管理协议书;机械安(拆)装合同(包括资质证明复印件)。

第十一条 总包单位与机械出租单位共同对塔机组人员和吊装人员的安全技术交底;塔式起重机安装(包括路基轨道铺装)、顶升、锚固等交底和验收记录表;外用电梯安装、验收记录表(包括基础交底验收);电动吊篮安装、验收记录表。

第十二条 起重吊装工程的方案、合同。

第十三条 施工人员安全教育记录；特种作业人员名册及岗位证书；机械操作人员、起重吊装人员名册及操作证书。

第十四条 各类安全检查记录（月检、日检），隐患通知、整改措施，以及违章登记、罚款记录。

第十三章 附 则

本标准未包括的内容应执行其他相关法规、标准。

4.7.2 劳动防护用品使用规定

（1）基本要求

1）使用单位应建立健全劳动防护用品的购买、验收、保管、发放、使用、更换、报废等管理制度，并应按照劳动防护用品的使用要求，在使用前对其防护功能进行必要的检查。

2）使用单位应到定点经营单位或生产企业购买特种劳动防护用品。购买的劳动防护用品必须经本单位的安全技术部门验收。

3）使用单位没有按国家规定为劳动者提供必要的劳动防护用品的；按劳动部《违反〈中华人民共和国劳动法〉行政处罚办法》（劳部发［1994］532号）有关条款处罚；构成犯罪的，由司法部门依法追究有关人员的刑事责任。

4）使用劳动防护用品的单位（以下简称使用单位）应为劳动者免费提供符合国家规定的劳动防护用品。

使用单位不得以货币或其他物品替代应当配备的劳动防护用品。

5) 使用单位应教育本单位劳动者按照劳动防护用品使用规则和防护要求正确使用劳动防护用品。

(2) 注意事项

1) 特种劳动防护用品在配备中的注意事项

国家对特种劳动防护用品实施安全生产许可证制度。用人单位采购、配备和使用的特种劳动防护用品必须具有安全生产许可证、产品合格证和安全鉴定证。

用人单位应建立和健全劳动防护用品的采购、验收、保管、发放、使用、更换和报废等管理制度。安技部门应对劳动防护用品进行验收。

2) 从事多种作业的作业人员劳动防护用品的配备

凡是从事多种作业或在多种劳动环境中作业的人员,应按其主要作业的工种和劳动环境配备劳动防护用品。如配备的劳动防护用品在从事其他工种作业时或在其他劳动环境中确实不能适用的,应另配或借用所需的其他劳动防护用品,但使用期限可适当延长。

3) 安全带使用期限

安全带使用两年后,应按批量购入情况抽检一次。若合格,该批安全带可继续使用。对抽试过的样带,必须更换安全绳后才能继续使用。使用频繁的绳,要经常做外观检查,发现异常时,应立即换成新绳。带子的使用期为3～5年。

4) 防静电鞋和防静电工作服注意事项

① 《防静电工作服》GB 12014 中规定:穿用防静电服时必须与《防静电鞋、导电鞋技术要求》GB 4385 中规定的防静电鞋配套穿用。

② 由于多次洗涤,防静电工作服的防静电性能会有所降低,所以环境温度高、劳动强度大、洗涤次数频

繁的企业制定的使用期限应适当短一些。

③ 防静电鞋的穿用过程中，一般不超过 200 小时应进行电阻测试一次，如不合格，不可继续使用。

5）制定电绝缘鞋、绝缘手套的使用期限注意事项

电绝缘鞋包括：电绝缘皮鞋、布面胶鞋、胶面胶鞋、塑料鞋四大类。各个单位可根据劳动强度、作业环境的不同，合理制定使用期限。但要注意以下几条：一是贮存时间自出厂日起超过 18 个月，必须逐只进行电性能预防性检验；二是凡帮底有腐蚀破损之处，不能再作电绝缘鞋穿用；三是使用中每 6 个月至少进行一次电性能测试，如不合格不可继续使用。

绝缘手套的使用期限，各单位可根据使用频繁度作出规定，但必须要求每次使用之前进行吹气自检，每半年至少做一次电性能测试，如不合格不可继续使用。

6）护听器配备时注意事项

护听器包括防噪声耳塞、防噪声耳罩、防噪声头盔。一般来说，防噪声头盔防噪声效果最好，不但能隔阻气传导噪声，还能减轻骨传导噪声对耳内的损伤，应使用于强噪声环境；耳罩的防噪声性能次之；而耳塞的防噪声效果最差，在 1000～2000Hz 频段一般声衰减值只有 10～20dB。

(3) 劳动防护用品选用规定一览表（表 4-7-1）

(4) "三宝"（安全网、安全帽、安全带）安全使用要求

1）安全网安全使用要求

① 网的检查内容包括：网内不得存留建筑垃圾，网下不能堆积物品，网身不能出现严重变形和磨损，以及是否会受化学品与酸、碱烟雾的污染及电焊火花的烧灼等。

表 4-7-1 劳动保护用品选用规定

作业类别编号	作业类别名称	不可使用的品类	必须使用的护品	可考虑使用的护品
A01	易燃易爆场所作业	的确良、尼龙等着火焦结的衣物；聚氯乙烯塑料鞋；底面钉铁件的鞋	棉布工作服、防静电服、防静电鞋	
A02	可燃性粉尘场所作业	的确良、尼龙等着火焦结的衣物；底面钉铁件的鞋	棉布工作服、防尘口罩	防静电服、防静电鞋
A03	高温作业	的确良、尼龙等着火焦结的衣物；聚氯乙烯塑料鞋	白帆布类隔热服；前高温帽；防强光、紫外线、红外线护目镜或面罩	镀反射膜类隔热服；其他军星护品的披肩帽、鞋罩、围裙、袖套等
A04	低温作业	底面钉铁件的鞋	防寒服、防寒手套、防寒鞋	防寒帽、防寒工作服

续表

作业类别编号	作业类别名称	不可使用的品类	必须使用的护品	可考虑使用的护品
A05	低压带电作业		绝缘手套、绝缘鞋	安全帽、防异物伤害护目镜
A06	高压带电作业		绝缘手套、绝缘鞋、安全帽	等电位工作服、防异物伤害护目镜
A07	吸入性相毒物作业		防毒口罩	有相应滤毒气的防毒面罩;供应空气的呼吸保护器
A08	吸入性气溶胶毒物作业		防毒口罩或防尘口罩、护发帽	防化学液毒眼镜;有相应滤毒罐的防毒面罩;供应空气的呼吸保护器;防毒物渗透工作服
A09	沾染性毒物作业		防化学液毒眼镜、防毒口罩、防毒物渗透工作服、防毒物渗透手套、护发帽	有相应滤毒罐的防毒面罩;供应空气的呼吸保护器;相应的皮肤保护剂

续表

作业类别编号	作业类别名称	不可使用的品类	必须使用的护品	可考虑使用的护品
A10	生物性毒物作业		防毒口罩、防毒物渗透工作服、护发帽、防毒物渗透手套、防异物伤害护目镜	有相应滤毒罐的防毒面罩;相应的皮肤保护剂
A11	腐蚀性作业		防化学液眼镜、防毒口罩、防酸（碱）工作服、耐酸（碱）手套、耐酸（碱）鞋、护发帽	供应空气的呼吸保护器
A12	易污作业		防尘口罩、护发帽、一般性工作服、其他零星用品如披肩帽、鞋罩、围裙、袖套等	相应的皮肤保护剂
A13	恶味作业		一般性工作服	供应空气的呼吸保护器;相应的皮肤保护剂;护发帽

续表

作业类别编号	作业类别名称	不可使用的品类	必须使用的护品	可考虑使用的护品
A14	密闭场所作业		供应空气的呼吸保护器	
A15	噪声作业			塞栓式耳塞、耳罩
A16	强光作业		防强光、紫外线、红外线目镜或面罩	
A17	激光作业		防激光护目镜	
A18	荧光屏作业			荧光屏作业护目镜
A19	微波作业			防微波护目镜、屏蔽服
A20	射线作业		防射线护目镜、防射线服	
A21	高处作业	底面钉铁件的鞋	安全帽、安全带	防滑工作鞋
A22	存在物体坠落、撞击的作业		安全帽、防砸安全鞋	

续表

作业类别编号	作业类别名称	不可使用的品类	必须使用的护品	可考虑使用的护品
A23	有碎屑飞溅的作业		防异物伤害护目镜、一般性工作服	
A24	操纵转动机械	手套	护发帽、防异物伤害护目镜、一般性的工作服	
A25	人工搬运	底面钉铁件的鞋	防滑手套	安全帽、防滑工作鞋、安全鞋
A26	接触使用锋利器具		一般性的工作服	防割伤手套、防砸安全鞋、防刺穿鞋
A27	地面存在尖利器物的作业		防刺穿鞋	

172

续表

作业类别编号	作业类别名称	不可使用的品类	必须使用的护品	可考虑使用的护品
A28	手持振动机械作业		防射线服	
A29	人承受全身振动的作业		减振鞋	
A30	野外作业			防寒帽、防寒鞋、防异物伤害护目镜、防滑工作鞋
A31	水上作业		防水工作服(包括防水鞋)	安全带、水上作业服
A32	涉水作业		防滑工作鞋、救生衣(服)	
A33	潜水作业		防水工作服(包括防水鞋)	
			潜水服	

续表

作业类别编号	作业类别名称	不可使用的品类	必须使用的护品	可考虑使用的护品
A34	地下挖掘建筑作业		安全帽	防尘口罩、塞栓式耳塞、减振手套、防砸安全鞋、防水工作服（包括防水鞋）
A35	车辆驾驶		一般性的工作服	防强光、紫外线、红外线护目镜或面罩、防异物伤害护目镜、防冲击安全头盔
A36	铲、装、吊、推机械操纵		一般性的工作服	防尘口罩、防强光、紫外线、红外线护目镜或面罩、防异物伤害护目镜、防水工作服（包括防水鞋）
A37	一般性作业			一般性的工作服
A38	其他作业			一般性的工作服

② 支撑架不得出现严重变形和磨损,其连接部位不得有松脱现象。网与网之间及网与支撑架之间的连接点亦不允许出现松脱。所有绑拉的绳都不能使其受严重的磨损或有变形。

③ 网内的坠落物要经常清理,保持网体洁净。还要避免大量焊接或其他火星落入网内,并避免高温或蒸汽环境。当网体受到化学品的污染或网绳嵌入粗砂粒或其他可能引起磨损的异物时,即必须进行清洗,洗后使其自然干燥。

④ 安全网在搬运中不可使用铁钩或带尖刺的工具,以防损伤网绳。网体要存放在仓库或专用场所,并将其分类、分批存放在架子上,不允许随意乱堆。仓库要求具备通风、遮光、隔热、防潮、避免化学物品的侵蚀等条件。在存放过程中,亦要求对网体做定期检验,发现问题,立即处理,以确保安全。

2) 安全帽安全使用要求

① 凡进入施工现场的所有人员,都必须佩戴安全帽。作业中不得将安全帽脱下,搁置一旁,或当坐垫使用。

② 国家标准中规定佩戴安全帽的高度,为帽箍底边至人头顶端(以试验时木质人头模型作代表)的垂直距离为80~90mm。国家标准对安全帽最主要的要求是能够承受5000N的冲击力。

③ 要正确使用安全帽,要扣好帽带,调整好帽衬间距(一般约40~50mm),勿使轻易松脱或颠动摇晃。缺衬缺带或破损的安全帽不准使用。

3) 安全带安全使用要求

① 使用时要高挂低用,防止摆动碰撞,绳子不能

打结,钩子要挂在连接环上。当发现有异常时要立即更换,换新绳时要加绳套。使用 3m 以上的长绳要加缓冲器。

② 在攀登和悬空等作业中,必须佩戴安全带并有牢靠的挂钩设施,严禁只在腰间佩戴安全带,而不在固定的设施上拴挂钩环。

③ 安全带不使用时要妥善保管,不可接触高温、明火、强酸、强碱或尖锐物体。使用频繁的绳要经常做外观检查;使用两年后要做抽检,抽验过的样带要更换新绳。

4.7.3 安全检查和验收制度

(1) 安全生产检查的内容与方式

1) 安全检查的内容

安全检查的内容主要包括查思想、查制度、查机械设备、查安全设施、查安全教育培训、查操作行为、查劳保用品使用、查伤亡事故处理等。

2) 安全检查的方式

检查方式有公司组织的定期的安全检查,各级管理人员的日常巡回检查,专业安全检查,季节性节假日安全检查,班组自我检查、交接检查。

① 定期安全生产检查

企业必须建立定期分级安全生产检查制度,每季度组织一次全面的安全生产检查,分公司、工程处、工区、施工队每月组织一次安全生产检查;项目经理部每旬组织一次安全生产检查。对施工规模较大的工地可以每月组织一次安全生产检查。每次安全生产检查应由单位主管生产的领导或技术负责人带队,由相关的安全、劳资、保卫等部门联合组织检查。

② 经常性安全生产检查

经常性的检查包括公司组织的、项目经理部组织的安全生产检查，项目安全员和安全值日人员对工地进行巡回安全生产检查及班组进行班前班后安全检查等。

③ 专业性安全生产检查

专业安全生产检查内容包括对物料提升机、脚手架、施工用电、塔吊、压力容器等的安全生产问题和普遍性安全问题进行单项专业检查。这类检查专业性强，也可以结合单项评比进行，参加专业安全生产检查组的人员应由技术负责人、专业技术人员、专项作业负责人参加。

④ 季节性安全生产检查

季节性安全生产检查是针对施工所在地气候的特点，可能给施工带来危害而组织的安全生产检查。

⑤ 节假日前后安全生产检查

是针对节假日前后职工思想松懈而进行的安全生产检查。

⑥ 自检、互检和交接检查

A. 自检：班组作业前、后对自身处所的环境和工作程序要进行安全生产检查，可随时消除不安全隐患。

B. 互检：班组之间开展的安全生产检查。可以做到互相监督、共同遵章守纪。

C. 交接检查：上道工序完毕，交给下道工序使用或操作前，应由工地负责人组织工长、安全员、班组长及其他有关人员参加，进行安全生产检查和验收，确认无安全隐患，达到合格要求后，方能交给下道工序使用或操作。

3）事故隐患处理

对查出的隐患不能立即整改的要建立登记、整改、检查、销项制度,要制定整改计划,定人、定措施、定经费、定完成日期,在隐患没有消除前,必须采取可靠的防护措施,如有危及人身安全的紧急险情,应立即停止作业。

(2) 安全生产检查标准

1) 检查分类及评分方法

① 对建筑施工中易发生伤亡事故的主要环节、部位和工艺等的完成情况作安全检查评价时,应采用检查评分表的形式,分为安全管理、文明工地、脚手架、基坑支护与模板工程、"三宝""四口"防护、施工用电、物料提升机与外用电梯、塔吊、起重吊装和施工机具共十项分项检查评分表和一张检查评分汇总表。

② 在安全管理、文明施工、脚手架、基坑支护与模板工程、施工用电、物料提升机与外用电梯、塔吊和起重吊装八项检查评分表中,设立了保证项目和一般项目,保证项目应是安全检查的重点和关键。

③ 各分项检查评分表中,满分为 100 分。表中各检查项目得分应为按规定检查内容所得分数之和。每张表总得分应为各自表内各检查项目实得分数之和。

④ 在检查评分中,遇有多个脚手架、塔吊、龙门架与井字架等时,则该项得分应为各单项实得分数的算术平均值。

⑤ 检查评分不得采用负值。各检查项目所扣分数总和不得超过该项应得分数。

⑥ 在检查评分中,当保证项目中有一项不得分或保证项目小计得分不足 40 分时,此检查评分表不应

得分。

⑦ 汇总表满分为100分。各分项检查表在汇总表中所占的满分分值应分别为：安全管理10分、文明施工20分、脚手架10分、基坑支护与模板工程10分、"三宝""四口"防护10分、施工用电10分、物料提升机与外用电梯10分、塔吊10分、起重吊装5分和施工机具5分。在汇总表中各分项项目实得分数应按下式计算：

$$\text{在汇总表中各分项项目实得分数} = \frac{\text{汇总表中该项应得满分分值} \times \text{该项检查评分表实得分数}}{100}$$

汇总表总得分应为表中各分项项目实得分数之和。

⑧ 检查中遇有缺项时，汇总表总得分应按下式换算：

$$\text{遇有缺项时汇总表总得分} = \frac{\text{实查项目在汇总表中按各对应的实得分值之和}}{\text{实查项目在汇总表中应得满分的分值之和}} \times 100$$

⑨ 多人对同一项目检查评分时，应按加权评分方法确定分值。权数的分配原则分为专职安全人员与其他人员：专职安全人员的权数为0.6，其他人员的权数为0.4。

⑩ 建筑施工安全检查评分，应以汇总表的总得分及保证项目达标与否，作为对一个施工现场安全生产情况的评价依据，分为优良、合格、不合格三个等级。

2）检查评分表简介

① 建筑施工安全检查评分汇总表主要内容应包括：安全管理、文明施工、脚手架、基坑支护与模板工程、"三宝""四口"防护、施工用电、物料提升机与外用电梯、塔吊、起重吊装和施工机具十项。该表所示得分作

为对一个施工现场安全生产情况的评价依据。

② 安全管理检查评分表是对施工单位安全管理工作的评价。检查的项目应包括：安全生产责任制、目标管理、施工组织设计、分部（分项）工程安全技术交底、安全检查、安全教育、班前安全活动、特种作业持证上岗、工伤事故处理和安全标志十项内容。

③ 文明施工检查评分表是对施工现场文明施工的评价。检查的项目应包括：现场围挡、封闭管理、施工场地、材料堆放、现场宿舍、现场防火、治安综合治理、施工现场标牌、生活设施、保健急救、社区服务十一项内容。

④ 脚手架检查评分表分为落地式外脚手架检查评分表、悬挑式脚手架检查评分表、门型脚手架检查评分表、挂脚手架检查评分表、吊篮脚手架检查评分表、附着式升降脚手架安全检查评分表等六种脚手架的安全检查评分表。

⑤ 基坑支护安全检查评分表是对施工现场基坑支护工程的安全评价。检查的项目应包括：施工方案、临边防护、坑壁支护、排水措施、坑边荷载、上下通道、土方开挖、基坑支护变形监测和作业环境九项内容。

⑥ 模板工程安全检查评分表是对施工过程中模板工作的安全评价。检查的项目应包括：施工方案、支撑系统、立柱稳定、施工荷载、模板存放、支拆模板、模板验收、混凝土强度、运输道路和作业环境十项内容。

⑦ "三宝""四口"防护检查评分表是对安全帽、安全网、安全带、楼梯口、电梯井口、预留洞口、坑井口、通道口及阳台、楼板、屋面等临边使用及防护情况的评价。

⑧ 施工用电检查评分表是对施工现场临时用电情况的评价。检查的项目应包括：外电防护、接地与接零

保护系统、配电箱、开关箱、现场照明、配电线路、电器装置、变配电装置和用电档案九项内容。

⑨ 物料提升机（龙门架、井字架）检查评分表是对物料提升机的设计制作、搭设和使用情况的评价。检查的项目应包括：架体制作、限位保险装置、架体稳定、钢丝绳、楼层卸料平台防护、吊篮、安装验收、架体、传动系统、联络信号、卷扬机操作棚和避雷十二项内容。

⑩ 外用电梯（人货两用电梯）检查评分表是对施工现场外用电梯的安全状况及使用管理的评价。检查的内容应包括：安全装置、安全防护、司机、荷载、安装与拆卸、安装验收、架体稳定、联络信号、电气安全和避雷十项内容。

⑪ 塔吊检查评分表是塔式起重机使用情况的评价。检查的项目应包括：力矩限制器、限位器、保险装置、附墙装置与夹轨钳、安装与拆卸、塔吊指挥、路基与轨道、电气安全、多塔作业和安装验收十项内容。

⑫ 起重吊装安全检查评分表是对施工现场起重吊装作业和起重吊装机械的安全评价。检查的项目应包括：施工方案、起重机械、钢丝绳与地锚、吊点、司机、指挥、地基承载力、起重作业、高处作业、作业平台、构件堆放、警戒和操作工十二项内容。

⑬ 施工机具检查评分表是对施工中使用的平刨、圆盘锯、手持电动工具、钢筋机械、电焊机、搅拌机、气瓶、翻斗车、潜水泵和打桩机械十种施工机具安全状况的评价。

3）部分检查评分表内容❶

见表 4-7-2～表 4-7-9。

---

❶ 本节内容摘自《建筑施工安全检查标准》JGJ 59—99。

建筑施工安全检查评分汇总表

表 4-7-2

企业名称：　　　　　　　　　　经济类型：　　　　　　　　　资质等级：

单位工程（施工现场）名称	建筑面积(m²)	结构类型	总计得分（满分分值100分）	项目名称及分值						
				安全管理（满分分值为10分）	文明施工（满分分值为20分）	脚手架（满分分值为10分）	基坑支护与模板工程（满分分值为10分）	"三宝"、"四口"防护（满分分值为10分）	施工用电（满分分值为10分）	物料提升机与外用电梯（满分分值为10分）	塔吊（满分分值为10分）	起重吊装（满分分值为5分）	施工机具（满分分值为5分）

评语：

检查单位	负责人	受检项目	项目经理
			年　月　日

安全管理检查评分表

表 4-7-3

序号	检查项目	扣 分 标 准	应得分数	扣减分数	实得分数
1	保证项目 安全生产责任制	未建立安全责任制的,扣10分 各级各部门未执行责任制的,扣4~6分 经济承包合同中无安全生产指标的,扣10分 未制定各工种安全技术操作规程的,扣10分 未按规定配备专(兼)职安全员的,扣10分 管理人员责任制考核不合格的,扣5分	10		
2	目标管理	未制定安全管理目标(伤亡控制指标和安全达标、文明施工目标)的,扣10分 未进行安全责任目标分解的,扣10分 无责任目标考核规定的,扣8分 考核办法未落实或落实不好的,扣5分	10		

183

续表

序号	检查项目	扣分标准	应得分数	扣减分数	实得分数
3	保证项目 施工组织设计	施工组织设计中无安全措施,扣10分 施工组织设计未经审批,扣10分 专业性较强的项目,未单独编制专项安全施工组织设计,扣8分 安全措施不全面,扣2~4分 安全措施无针对性,扣6~8分 安全措施未落实,扣8分	10		
4	分部(分项)工程安全技术交底	无书面安全技术交底,扣10分 交底针对性不强,扣4~6分 交底不全面,扣4分 交底未履行签字手续,扣2~4分	10		

184

续表

序号	检查项目	扣 分 标 准	应得分数	扣减分数	实得分数
5	保证项目 安全检查	无定期安全检查制度,扣5分 安全检查无记录,扣5分 检查出事故隐患整改做不到定人、定时间、定措施,扣2~6分 对重大事故隐患整改通知书所列项目未如期完成,扣5分	10		
6	安全教育	无安全教育制度,扣10分 新入厂工人未进行三级安全教育,扣10分 无具体安全教育内容,扣6~8分 变换工种时未进行安全教育,扣10分 每有一人未懂本工种安全技术操作规程,扣2分 施工管理人员未按规定进行年度培训,扣5分 专职安全员未按规定考核或考核不合格,扣5分	10		
	小 计		60		

续表

序号	检查项目	扣 分 标 准	应得分数	扣减分数	实得分数
7	班前安全活动	未建立班前安全活动制度,扣10分 班前安全活动无记录,扣2分	10		
8	特种作业持证上岗	一人未经培训从事特种作业,扣4分 一人未持操作证上岗,扣2分	10		
9	工伤事故处理	工伤事故未按规定报告,扣3~5分 工伤事故未按事故调查分析规定处理,扣10分 未建立工伤事故档案,扣4分	10		
10	安全标志	无现场安全标志布置总平面图,扣5分 现场未按安全标志总平面图设置安全标志的,扣5分	10		
	一般项目 小 计		40		
检查项目合计			100		

续表

序号		检查项目	扣分标准	应得分数	扣减分数	实得分数
4	保证项目	杆件、锁件	未按说明书规定组装，有漏装杆件和锁件的，扣6分；脚手架组装不牢、紧固不合要求的，每一处扣1分	10		
5		脚手板	脚手板不满铺，离墙大于10cm以上的，扣5分；脚手板不稳、不牢，材质不合要求的，扣5分	10		
6		交底与验收	脚手架搭设无交底，扣6分；未办理分段验收手续，扣4分；无交底记录，扣5分	10		
		小计		60		
7	一般项目	架体防护	脚手架外侧未设置1.2m高防护栏杆和18cm高的挡脚板，扣5分；架体外侧未挂目式安全网或网间不严密，扣7～10分	10		

门型脚手架检查评分表

表 4-7-6

序号	检查项目		扣 分 标 准	应得分数	扣减分数	实得分数
1	保证项目	施工方案	脚手架无施工方案,扣 10 分 施工方案不符合规范要求,扣 5 分 脚手架高度超过规范规定,无设计计算书或未经上级审批,扣 10 分	10		
2		架体基础	脚手架基础不平、不实、无垫木,扣 10 分 脚手架底部不加扫地杆,扣 5 分	10		
3		架体稳定	不按规定间距与端体拉结的,每有一处扣 5 分 拉结不牢固的,每有一处扣 5 分 不按规定设置剪刀撑的,扣 5 分 不按规定高度作整体加固的,扣 5 分 门架立杆垂直偏差超过规定的,扣 5 分	10		

悬挑式脚手架检查评分表

表 4-7-5

序号		检查项目	扣 分 标 准	应得分数	扣减分数	实得分数
1	保证项目	施工方案	脚手架无施工方案,设计计算书未经上级审批的,扣10分 施工方案中搭设方法不具体的,扣6分	10		
2		悬挑梁及架体稳定	外挑杆件与建筑结构连接不牢固的,每有一处扣5分 悬挑梁安装不符合设计要求的,每有一处扣3分 立杆底部固定不牢的,每有一处扣3分 架体未按规定与建筑结构拉结的,每有一处扣5分	20		
3		脚手板	脚手板铺设不严、不牢,扣7～10分 脚手板材质不符合要求,扣7～10分 每有一处探头板,扣2分	10		
4		荷载	脚手架荷载超过规定,扣10分 施工荷载堆放不均匀,每有一处扣5分	10		

续表

序号	检查项目		扣 分 标 准	应得分数	扣减分数	实得分数
5	保证项目	交底与验收	脚手架搭设不符合方案要求,扣7～10分 每段脚手架搭设后,无验收资料,扣5分 无交底记录,扣5分	10		
		小 计		60		
6	一般项目	杆件间距	每10延长米立杆间距超过规定,扣5分 大横杆间距超过规定,扣5分	10		
7		架体防护	施工层外侧未设置1.2m高防护栏杆和未设18cm高的挡脚板,扣5分 脚手架外侧木挂密目式安全网或网不严密,扣7～10分	10		
8		层间防护	作业层下无水平网或其他措施防护的,扣10分 防护不严密,扣5分	10		
9		脚手架材质	材件直径、型钢规格及材质不符合要求,扣7～10分	10		
		小 计		40		
	检查项目合计			100		

落地式外脚手架检查评分表

表 4-7-4

序号		检查项目	扣 分 标 准	应得分数	扣减分数	实得分数
1	保证项目	施工方案	脚手架无施工方案的,扣 10 分 脚手架高度超过规范规定无设计计算书或未经审批的,扣 10 分 施工方案不能指导施工的,扣 5~8 分	10		
2		立杆基础	每 10 延长米立杆基础不平、不实、不符合方案设计要求的,扣 2 分 每 10 延长米立杆缺少底座、垫木的,扣 5 分 每 10 延长米立杆无扫地杆的,扣 5 分 每 10 延长米脚手架木垫地或无扫地杆的,扣 5 分 每 10 延长米无排水槽施的,扣 3 分	10		
3		架体与建筑结构拉结	脚手架高度在 7m 以上,架体与建筑结构拉结,按规定要求每少一处的,扣 2 分 拉结不坚固的,每一处扣 1 分	10		

续表

序号	检查项目	扣 分 标 准	应得分数	扣减分数	实得分数
4	保证项目 杆件间距与剪刀撑	每10延长米立杆、大横杆、小横杆间距超过规定要求的,每一处扣2分 不按规定设置剪刀撑的,每一处扣5分 剪刀撑未沿脚手架高度连续设置或角度不符合要求的,扣5分	10		
5	脚手板与防护栏杆	脚手板不满铺,扣7~10分 脚手板材质不符合要求,扣7~10分 每有一处探头板,扣2分 脚手架外侧未设置密目式安全网或网间不严密,扣7~10分 施工层不设1.2m高防护栏杆和挡脚板,扣5分	10		
6	交底与验收	脚手架搭设前无交底,扣5分 脚手架搭设完毕未办理验收手续,扣10分 无量化的验收内容,扣5分	10		
	小　计		60		

188

续表

序号		检查项目	扣 分 标 准	应得分数	扣减分数	实得分数
7	一般项目	小横杆设置	不按立杆与大横杆交点处设置小横杆的,每有一处扣2分 小横杆只固定一端的,每有一处扣1分 单排架子小横杆插入墙内小于24cm的,每有一处扣2分	10		
8		杆件搭接	木立杆、大横杆每一处搭接小于1.5m,扣1分 钢管立杆采用搭接的,每一处扣2分	5		
9		架体内封闭	施工层以下每隔10m未用平网或其他措施封闭的,扣5分 施工层脚手架内立杆与建筑物之间未进行封闭,扣5分	5		

189

续表

序号	检查项目		扣 分 标 准	应得分数	扣减分数	实得分数
10	一般项目	脚手架材质	木杆直径、材质不符合要求的,扣 4～5 分 钢管弯曲、锈蚀严重的,扣 4～5 分	5		
11		通道	架体不设上下通道的,扣 5 分 通道设置不符合要求的,扣 1～3 分	5		
12		卸料平台	卸料平台未经设计计算,扣 10 分 卸料平台搭设不符合设计要求,扣 10 分 卸料平台支撑系统与脚手架连接的,扣 8 分 卸料平台无限定荷载标牌的,扣 3 分	10		
		小 计		40		
检查项目合计				100		

续表

序号	检查项目		扣分标准	应得分数	扣减分数	实得分数
8	一般项目	材质	杆件变形严重的,扣10分 局部开焊的,扣10分 杆件锈蚀未刷防锈漆的,扣5分	10		
9		荷载	施工荷载超过规定的,扣10分 脚手架荷载堆放不均匀的,每有一处扣5分	10		
10		通道	不设置上下专用通道的,扣10分 通道设置不符合要求的,扣5分	10		
		小计		40		
检查项目合计				100		

挂脚手架检查评分表

表 4-7-7

序号		检查项目	扣分标准	应得分数	扣减分数	实得分数
1	保证项目	施工方案	脚手架无施工方案、设计计算书,扣10分 施工方案未经审批,扣10分 施工方案精施不具体、指导性差,扣5分	10		
2		制作组装	架体制作与设计或设计不合理,扣20分 悬挂点无设计或组装不符合设计要求,扣17~20分 悬挂点部件制作及埋设不符合设计要求,扣15分 悬挂点间距超过2m,每有一处扣20分	20		
3		材质	材质不符合设计要求,杆件严重变形、局部开焊,扣12分 杆件、部件锈蚀或未刷防锈漆,扣4~6分	10		
4		脚手板	脚手板铺设不满、不齐,扣8分 脚手板材质不符合要求的,扣6分 每有一处探头板的,扣8分	10		

续表

序号		检查项目	扣 分 标 准	应得分数	扣减分数	实得分数
5	保证项目	交底与验收	脚手架进场无验收手续,扣12分 第一次使用前未经荷载试验,扣8分 每次使用前未经检查验收或验收资料不全,扣6分 无交底记录,扣5分	10		
		小　　　计		60		
6	一般项目	荷载	施工荷载超过1kN的,扣5分 每跨(不大于2m)超过2人作业的,扣10分	15		
7		架体防护	施工层外侧未设置1.2m高防护栏杆和18cm高的挡脚板,扣5分 脚手架外侧未用密目式安全网封闭或封闭不严,扣12～15分 脚手架底部封闭不严密,扣10分	15		
8		安装人员	安装脚手架人员未经专业培训,扣10分 安装人员未系安全带,扣10分	10		
		小　　　计		40		
检查项目合计				100		

吊篮脚手架检查评分表

表 4-7-8

序号		检查项目	扣 分 标 准	应得分数	扣减分数	实得分数
1	保证项目	施工方案	无施工方案、无设计计算书或未经上级审批，扣 10 分 施工方案不具体、指导性差，扣 5 分	10		
2		制作组装	挑梁锚固或配重等抗倾覆装置不合格，扣 10 分 吊篮组装不符合设计要求，扣 7～10 分 电动(手板)葫芦使用非合格产品，扣 10 分 吊篮使用前未经荷载试验，扣 10 分	10		
3		安全装置	升降葫芦无保险卡或失效的，扣 20 分 升降吊篮无保险绳或失效的，扣 20 分 无吊钩保险，扣 8 分 作业人员未系安全带或安全带挂在吊篮升降用的钢丝绳上，扣 17～20 分	20		
4		脚手板	脚手板铺设不满、不平，扣 5 分 脚手板材质不符合要求，扣 5 分 每有一处探头板，扣 2 分	5		

续表

序号	检查项目	扣 分 标 准	应得分数	扣减分数	实得分数
5	保证项目 升降操作	操作升降的人员不固定和未经培训,扣10分 升降作业时有其他人员在吊篮内停留,扣10分 两片吊篮连在一起同时升降,无同步装置或虽有但达不到同步的,扣10分	10		
6	交底与验收	每次提升后未经验收上人作业的,扣5分 提升及作业未经交底的,扣5分	5		
	小 计		60		
7	一般项目 防护	吊篮外侧网防护不符合要求的,扣7～10分 外侧立网封闭不整齐的,扣4分 单片吊篮提升两端头无防护的,扣10分	10		
8	防护顶板	多层作业无防护顶板的,扣10分 防护顶板设置不符合要求,扣5分	10		
9	架体稳定	作业时吊篮未建筑结构拉牢,扣10分 吊篮钢丝绳斜拉或吊篮离墙空瞭过大,扣5分	10		

续表

序号	检查项目		扣 分 标 准	应得分数	扣减分数	实得分数
10	一般项目	荷载	施工荷载超过设计规定的,扣10分 荷载堆放不均匀的,扣5分	10		
		小 计		40		
检查项目合计				100		

表 4-7-9 附着式升降脚手架（整体提升架或爬架）检查评分表

序号	检查项目		扣 分 标 准	应得分数	扣减分数	实得分数
1	保证项目	使用条件	未经建设部组织鉴定并发生产和使用证的产品,扣10分 不具有当地建筑安全监督管理部门发放的准用证,扣10分 无专项施工组织设计,扣10分 安全施工组织设计未经上级技术部门审批的,扣10分 各工种无操作规程的,扣10分	10		

续表

序号	检查项目	扣 分 标 准	应得分数	扣减分数	实得分数
2	保证项目 设计计算	无设计计算书的,扣10分 设计计算书未经主管部门审批的,扣10分 设计荷载未按重量架 3.0kN/m²,装饰架 2.0kN/m²,升降状态 0.5kN/m² 取值的,扣10分 压杆长细比大于150,受拉杆件的长细比大于300的,扣10分 主框架、支撑框架(桁架)各节点的各杆件轴线不汇交于一点的,扣6分 无完整的制作安装图的,扣10分	10		
3	架体构造	无定型(焊接或螺栓连接)的主框架,扣10分 相邻两主框架之间的架体无定型(焊接或螺栓连接)的支撑框架(桁架)的,扣10分 主框架间脚手架的立杆不能将荷载直接传递到支撑框架上的,扣10分 架体上部悬臂部分大于架体高度的 1/3,且超过 4.5m 的,扣10分 支撑框架未将主框架作为支座的,扣8分	10		

续表

序号	检查项目	扣分标准	应得分数	扣减分数	实得分数
4	附着支撑	主框架未与每个楼层设置连接点的,扣10分 钢挑架与预埋钢筋环连接不严密的,扣10分 钢挑架与预埋螺栓上墙体连接不牢固或不符合规定的,扣10分 钢挑架焊接不符合要求的,扣10分	10		
5	保证项目 升降装置	无同步升降装置或同步升降装置但达不到同步升降的,扣10分 索具、吊具达不到6倍安全系数的,扣10分 有两个以上吊点升降时,使用手拉葫芦(捯链)的,扣10分 升降时架体只有一个附着支撑装置的,扣10分 升降时架体上站人的,扣10分	10		
6	防坠落、导向、防倾斜装置	无防坠装置的,扣10分 防坠装置设在与架体升降的同一个附着装置上,且无两处以上的,扣10分 无垂直导向和防止左右、前后倾斜的防倾装置的,扣10分 防坠装置不起作用的,扣7~10分	10		
	小计		60		

续表

序号	检查项目	扣 分 标 准	应得分数	扣减分数	实得分数
7	分段验收	每次提升前,无具体的检查记录的,扣6分 每次提升后,使用前无验收手续或资料不全的,扣7分	10		
8	脚手板	脚手板铺设不严牢的,扣3~5分 离墙空隙未封严的,扣3~5分 脚手板材质不符合要求的,扣3~5分	10		
9	防护	脚手架外侧使用的密目式安全网不合格的,扣10分 操作层无防护栏杆的,扣8分 外侧封闭不严的,扣5分 作业层下方封闭不严的,扣5~7分	10		

一般项目

续表

序号	检查项目	扣 分 标 准	应得分数	扣减分数	实得分数
10	一般项目 操作	不按施工组织设计搭设的,扣10分 操作前未向现场技术人员和工人进行安全交底的,扣10分 作业人员未经培训、未持证上岗又未定岗位的,扣7~10分 安装、升降、拆除时无安全警戒线的,扣10分 荷载堆放不均匀的,扣5分 升降时架体上有超过2000N重的设备的,扣10分	10		
	小　计		40		
检查项目合计			100		

204

4.7.4 伤亡事故处理

(1) 伤亡事故的分类

根据国务院 1991 年 3 月 1 日颁布的《企业职工伤亡事故和处理规定》,职工在劳动过程中发生的人身伤害、急性中毒事故分为轻伤、重伤和死亡事故。

1) 轻伤

指造成劳动者肢体伤残,或某些器官功能性或器质性轻度损伤,表现为劳动能力轻度或暂时丧失的伤害。一般受伤后歇工在一个工作日以上,但够不上重伤的事故,为轻伤事故。

2) 重伤

中华人民共和国原劳动部颁发《重伤事故范围》中规定凡有下列情况之一的,均作为重伤事故处理:

① 经医师诊断已成为残废或可能成为残废的;

② 伤势严重,需要进行较大的手术才能挽救的;

③ 人体要害部位严重灼伤、烫伤,或虽非要害部位,但灼伤、烫伤占全身面积 1/3 以上的;

④ 严重骨折(胸骨、肋骨、脊椎骨、锁骨、肩胛骨、腕骨、腿骨和脚骨等受伤引起骨折)、严重脑震荡等;

⑤ 眼部受伤较剧,有失明可能的;

⑥ 手部伤害,包括大拇指轧断一节的;食指、中指、无名指、小指任何一指轧断两节或任何两指各轧断一节的;局部肌腱受伤甚剧,引起机能障碍,有不能自由伸屈的残废可能的;

⑦ 脚部伤害,包括脚趾轧断三只以上的;局部肌腱受伤甚剧,引起机能障碍,有不能行走自如的残废可能的;

⑧ 内部伤害，如内脏损伤、内出血或伤及腹膜等；

⑨ 凡不在上述范围以内的伤害，经医师诊察后，认为受伤较重，可根据实际情况参考上述各点，由企业行政部门会同基层工会作个别研究，提出初步意见，由当地劳动部门审查确定。

3）死亡事故

指一次事故中死亡1~2人的事故。

4）重大死亡事故

指一次事故中死亡3人以上含3人的事故。

5）重大事故

根据《工程建设重大事故报告和调查程序》（1989年建设部令第3号）规定，将重大事故分为四个等级。

① 具备下列条件之一者为一级重大事故：

A. 死亡三十人以上；

B. 直接经济损失三百万元以上。

② 具备下列条件之一者为二级重大事故：

A. 死亡十人以上，二十九人以下；

B. 直接经济损失一百万元以上，不满三百万元。

③ 具备下列条件之一者为三级重大事故：

A. 死亡三人以上，九人以下；

B. 重伤二十人以上；

C. 直接经济损失三十万元以上，不满一百万元。

④ 具备下列条件之一者为四级重大事故：

A. 死亡二人以下；

B. 重伤三人以上，十九人以下；

C. 直接经济损失十万元以上，不满三十万元。

（2）伤亡事故的处理

1）事故报告与现场保护

根据《企业职工伤亡事故报告和处理规定》(1991年3月1日中华人民共和国国务院令第075号)规定:

① 伤亡事故发生后,负伤者或者事故现场有关人员应当立即直接或逐级报告企业负责人。

② 企业负责人接到重伤、死亡、重大死亡事故报告后,应当立即报告企业主管部门和企业所在地劳动部门、公安部门、人民检察院、工会。

③ 企业主管部门和劳动部门接到死亡、重大死亡事故报告后,应当立即按系统逐级上报;死亡事故报至省、自治区、直辖市企业主管部门和劳动部门;重大死亡事故报至国务院有关主管部门、劳动部门。

④ 发生死亡、重大死亡事故的企业应当保护事故现场,并迅速采取必要措施抢救人员和财产,防止事故扩大。

2) 事故调查程序

根据《企业职工伤亡事故调查分析规则》GB 6442—86 的规定,死亡、重伤事故,应按如下要求进行调查。轻伤事故的调查,可参照执行。

① 现场处理

A. 事故发生后,应救护受伤害者,采取措施制止事故蔓延扩大。

B. 认真保护事故现场,凡与事故有关的物体、痕迹、状态,不得破坏。

C. 为抢救受伤害者需移动现场某些物体时,必须做好现场标志。

② 物证搜集

A. 现场物证包括:破损部件、碎片、残留物、致害物的位置等。

B. 在现场搜集到的所有物件均应贴上标签，注明地点、时间、管理者。

C. 所有物件应保持原样，不准冲洗擦拭。

D. 对健康有危害的物品，应采取不损坏原始证据的安全防护措施。

③ 事故事实材料的搜集

A. 与事故鉴别、记录有关的资料。

a. 发生事故的单位、地点、时间；

b. 受害人和肇事者的姓名、性别、年龄、文化程度、职业、技术等级、工龄、本工种工龄、支付工资的形式；

c. 受害人和肇事者的技术状况、接受安全教育情况；

d. 出事当天，受害人和肇事者什么时间开始工作、工作内容、工作量、作业程序、操作时的动作（或位置）；

e. 受害人和肇事者过去的事故记录。

B. 事故发生的有关事实。

a. 事故发生前设备、设施等性能和质量状况；

b. 使用的材料：必要时进行物理性能或化学性能试验与分析；

c. 有关设计和工艺方面的技术文件、工作指令和规章制度方面的资料及执行情况；

d. 关于工作环境方面的状况：包括照明、湿度、温度、通风、声响、色彩度、道路、工作面状况以及工作环境中的有毒、有害物质取样分析记录；

e. 个人防护措施状况：应注意它的有效性、质量、使用范围；

f. 出事前受害人和肇事者的健康状况;

g. 其他可能与事故致因有关的细节或因素。

④ 证人材料搜集

要尽快找被调查者搜集材料。对证人的口述材料,应认真考证其真实程度。

⑤ 现场摄影

A. 显示残骸和受害者原始存息地的所有照片。

B. 可能被清除或被践踏的痕迹,如刹车痕迹、地面和建筑物的伤痕、火灾引起损害的照片、冒顶下落物的空间等。

C. 事故现场全貌。

D. 利用摄影或录像,以提供较完善的信息内容。

⑥ 事故图

报告中的事故图,应包括了解事故情况所必需的信息。如:事故现场示意图、流程图、受害者位置图等。

3) 事故分析

根据《企业职工伤亡事故调查分析规则》GB 6442—86 规定如下:

① 事故分析步骤

A. 整理和阅读调查材料。

B. 按以下七项内容进行分析:见《企业职工伤亡事故分类标准》GB 6441—86 附录 A。

a. 受伤部位;

b. 受伤性质;

c. 起因物;

d. 致害物;

e. 伤害方式;

f. 不安全状态;

g. 不安全行为。

C. 确定事故的直接原因。

D. 确定事故的间接原因。

E. 确定事故的责任者。

② 事故原因分析

A. 属于下列情况者为直接原因。

a. 机械、物质或环境的不安全状态：见《企业职工伤亡事故分类标准》GB 6441—86 附录 A-A6 "不安全状态"。

b. 人的不安全行为：见《企业职工伤亡事故分类标准》GB 6441—86 附录 A-A7 "不安全行为"。

B. 属下列情况者为间接原因。

a. 技术和设计上有缺陷——工业构件、建筑物、机械设备、仪器仪表、工艺过程、操作方法、维修检验等的设计、施工和材料使用存在问题；

b. 教育培训不够，未经培训，缺乏或不懂安全操作技术知识；

c. 劳动组织不合理；

d. 对现场工作缺乏检查或指导错误；

e. 没有安全操作规程或不健全；

f. 没有或不认真实施事故防范措施，对事故隐患整改不力；

g. 其他。

C. 在分析事故时，应从直接原因入手，逐步深入到间接原因，从而掌握事故的全部原因，再分清主次，进行责任分析。

③ 确定事故责任

A. 根据事故调查所确认的事实，通过对直接原因和间接原因的分析，确定事故中的直接责任者和领导责任者。

B. 在直接责任者和领导责任者中，根据其在事故发生过程中的作用，确定主要责任者。

C. 根据事故后果和事故责任者应负的责任提出处理意见。

4）事故结案归档材料

根据《企业职工伤亡事故调查分析规则》GB 6442—86 规定，当事故处理结案后，应归档的事故资料如下：

① 职工伤亡事故登记表；
② 职工死亡、重伤事故调查报告书及批复；
③ 现场调查记录、图纸、照片；
④ 技术鉴定和试验报告；
⑤ 物证、人证材料；
⑥ 直接和间接经济损失材料；
⑦ 事故责任者的自述资料；
⑧ 医疗部门对伤亡人员的诊断书；
⑨ 发生事故时的工艺条件、操作情况和设计资料；
⑩ 处分决定和受处分人员的检查材料；
⑪ 有关事故的通报、简报及文件；
⑫ 注明参加调查组的人员、姓名、职务、单位。

5 工料定额[1]

5.1 说 明

（1）本定额外脚手架、里脚手架，按搭设材料分为木制、竹制、钢管脚手架；烟囱脚手架和电梯井字脚手架为钢管式脚手架。

（2）外脚手架定额中均综合了上料平台、护卫栏杆等。

（3）斜道是按依附斜道编制的，独立斜道按依附斜道定额项目人工、材料、机械乘以系数 1.8。

（4）水平防护架和垂直防护架指脚手架以外单独搭设的，用于车辆通道、人行通道、临街防护和施工与其他物体隔离等的防护。

（5）烟囱脚手架综合了垂直运输架、斜道、缆风绳、地锚等。

（6）水塔脚手架按相应的烟囱脚手架人工乘以系数 1.11，其他不变。

（7）架空运输道，以架宽 2m 为准，架宽超过 2m 时，应按相应项目乘以系数 1.2，超过 3m 时按相应项目乘以系数 1.5。

（8）满堂红基础套用满堂红脚手架基本层定额项目的 50% 计算脚手架。

---

[1] 引自《全国统一建筑工程基础定额》（土建）GJD—101—95

(9) 外架全封闭材料按竹席考虑,如采用竹笆板时,人工乘以系数 1.10;采用纺织布时,人工乘以系数 0.80。

(10) 高层钢管脚手架是按现行规范为依据计算的,如采用型钢平台加固时,由各地市自行补充。

5.2 脚手架

5.2.1 外脚手架

工作内容:平土、挖坑、安底座、打缆风桩、拉缆风绳、场内外材料运输、搭拆脚手架、上料平台、挡脚板、护身栏杆、上下翻板子和拆除后的材料堆放整理等。

(1) 木、竹脚手架

见表 5-2-1。

木、竹脚手架 计算单位:100m² 表 5-2-1

定额编号		3-1	3-2	3-3	3-4
项 目	单位	木架			竹架
		15m 以内		30m 以内	15m 以内
		单排	双排	双排	双排
人工	综合工日	工日	5.97	8.19	9.71	5.51
材料	木脚手杆 10	m³	0.436	0.596	0.695	—
	竹脚手杆 75	根	—	—	—	10.71
	竹脚手杆 90	根	—	—	—	11.62
	木脚手板	m³	0.090	0.119	0.254	0.071
	竹脚手板	m²	—	—	—	1.83
	镀锌铁丝 8 号	kg	67.96	113.66	121.92	0.66
	铁钉	kg	0.53	0.64	0.64	0.90
	钢丝绳 8	kg	—	—	0.36	—
	竹篾	百根	—	—	—	11.60
机械	载重汽车 6t	台班	0.26	0.36	0.34	0.10

(2) 钢管脚手架

见表 5-2-2。

钢管脚手架 计量单位：100m²

表 5-2-2

定额编号		3-5	3-6	3-7	3-8	3-9	3-10	3-11	3-12
		15m 以内	钢	管	架				
				24m 以内	30m 以内	50m 以内	70m 以内	90m 以内	110m 以内
项目	单位	单排	双排	双排	双排				
人工	综合工日	工日	6.11	7.19	8.61	10.49	12.61	16.34	23.10	38.30
材料	钢管 φ48×3.5	kg	40.18	64.92	70.51	83.90	125.84	247.98	317.42	412.90
	直角扣件	个	8.33	12.93	12.88	13.89	20.83	45.23	59.16	78.06
	对接扣件	个	1.06	1.82	2.39	3.23	4.84	8.57	11.36	15.10
	回转扣件	个	0.52	0.52	0.74	3.05	4.58	5.46	6.66	8.30
	底座	个	0.24	0.37	0.26	0.26	0.38	0.28	0.28	0.28
	木脚手板	m³	0.081	0.093	0.123	0.160	0.240	0.363	0.471	0.540
	垫木 60×60×60	块	2.13	2.13	2.42	1.39	2.08	18.46	23.78	30.60
	镀锌铁丝 8 号	kg	4.13	4.75	5.32	6.15	6.15	4.16	6.11	5.47
	铁钉	kg	0.40	0.55	0.66	0.77	0.77	0.73	0.98	1.10
	防锈漆	kg	3.77	5.60	6.10	7.25	10.89	21.47	27.50	35.63
	油漆溶剂油	kg	0.43	0.63	0.70	0.82	1.24	2.44	0.13	4.05
	钢丝绳 8	kg	0.25	0.25	0.26	0.46	1.27	2.75	3.52	5.63
	缆风桩木	m³	0.003	0.003	0.002	0.004	0.006	0.013	0.015	0.020
机械	载重汽车 6t	台班	0.11	0.17	0.13	0.17	0.16	0.19	0.20	0.16

5.2.2 里脚手架

工作内容：平土、挖坑、安底座、选料、材料的内外运输、搭拆架子、脚手板、拆除后材料堆放等。见表5-2-3。

里脚手架 计量单位：100m² 表 5-2-3

定额编号		3-13	3-14	3-15
项　　目	单位	木架	竹架	钢管架
人工	综合工日	工日	3.87	3.16	3.46
材料	木脚手杆10	m³	0.035	—	—
	钢管 φ48×3.5	kg	—	—	1.19
	竹脚手杆75	根	—	2.60	—
	竹脚手杆90	根	—	2.60	—
	木脚手板	m³	0.045	0.019	0.011
	直角扣件	个	—	—	0.24
	对接扣件	个	—	—	0.01
	镀锌铁丝8号	kg	3.90	0.56	0.60
	铁钉	kg	0.60	—	2.04
	竹篾	百根	—	4.60	—
	防锈漆	kg	—	—	0.10
	油漆溶剂油	kg	—	—	0.01
机械	载重汽车6t	台班	0.12	0.11	0.02

5.2.3 满堂红脚手架

工作内容：平土、挖坑、安底座、选料、材料场内外运输、搭拆架子、铺拆脚手板等。见表5-2-4、表5-2-5。

满堂红脚手架（一） 计量单位：100m²

表 5-2-4

定额编号		3-16	3-17	3-18	3-19
项　目	单位	木　架		竹　架	
		基本层	增加层 1.2m	基本层	增加层 1.2m
人工 综合工日	工日	8.17	3.08	6.81	2.42
材料 木脚手杆10	m³	0.076	0.025	—	—
竹脚手杆75	根	—	—	3.08	1.23
木脚手板	m³	0.056	—	0.085	—
镀锌铁丝8号	kg	50.95	16.98	20.00	—
铁钉	kg	1.94	—	1.94	—
挡脚板	m³	0.003	—	0.003	—
垫木	块	48.41	—	—	—
竹篾	百根	—	—	7.80	2.60
机械 载重汽车6t	台班	0.06	0.02	0.03	0.01

满堂红脚手架（二） 计量单位：100m²

表 5-2-5

定额编号		3-20	3-21
项　目	单位	钢　管　架	
		基本层	增加层
人工 综合工日	工日	9.36	3.56
材料 钢管 $\phi48\times3.5$	kg	10.06	3.35
直角扣件	个	1.46	0.49
对接扣件	个	0.28	0.09
回转扣件	个	0.46	0.15
底座	个	0.20	—
木脚手板	m³	0.056	—
镀锌铁丝8号	kg	22.41	—
铁钉	kg	1.94	—
防锈漆	kg	0.87	0.29
油漆溶剂油	kg	0.10	0.03
挡脚板	m³	0.005	—
机械 载重汽车6t	台班	0.05	0.01

5.2.4 悬空脚手架、挑脚手架、防护架

工作内容：选料、绑拆架子、护身栏杆、铺拆板子、安全挡板、挂卸安全网、材料场内运输等。见表5-2-6、表5-2-7。

悬空和挑脚手架　　　　表 5-2-6

定额编号			3-22	3-23	3-24	3-25
项 目		单位	悬空脚手架		挑脚手架	
			木架	钢管架	木架	钢管架
			100m²		100延长米	
人工	综合工日	工日	5.03	4.78	25.76	23.32
材料	木脚手杆10	m³	0.038	—	0.20	—
	钢管φ48×3.5	kg	—	2.19	—	13.37
	直角扣件	个	—	0.24	—	1.97
	对接扣件	个	—	—	—	0.47
	回转扣件	个	—	—	—	0.11
	木脚手板	m³	0.053	0.053	0.119	0.119
	镀锌铁丝8号	kg	13.55	2.06	79.10	5.28
	铁钉	kg				
	防锈漆	kg				1.12
	油漆溶剂油	kg				0.14
机械	载重汽车6t	台班	0.04	0.03	0.15	0.02

防护架　　计量单位：100m²　　表 5-2-7

定额编号			3-26	3-27
项 目		单位	水平防护架	垂直防护架
			钢 管 架	
人工	综合工日	工日	6.75	2.76
材料	钢管φ48×3.5	kg	70.78	43.78
	直角扣件	个	3.34	1.83
	对接扣件	个	0.67	0.37
	回转扣件	个	3.33	0.67
	底座	个	0.83	0.77
	钢木脚手板	m²	15.87	
	黄席 2000×1000	床		5.00
	其他材料费占材料费	%	3	8
机械	载重汽车6t	台班	0.24	0.06

5.2.5 烟囱(水塔) 脚手架

见表 5-2-8、表 5-2-9。

烟囱(水塔)脚手架

烟囱 脚手架 (一)　　　　计量单位：座

表 5-2-8

	定额编号		3-46	3-47	3-48	3-49	3-50	3-51
	项　目	单位	烟囱直径 5m 以内高度在(m 以内)					
			10	15	20	25	35	45
人工	综合工日	工日	18.06	27.74	40.52	55.18	99.41	152.72
材料	钢管 $\phi48\times3.5$	kg	74.56	132.79	177.72	288.76	303.38	402.47
	对接扣件	个	2.76	4.37	6.32	8.62	11.26	16.53
	底座	个	1.12	1.12	1.12	1.12	1.12	1.12
	直角扣件	个	10.14	18.05	24.46	31.85	41.82	55.60
	回转扣件	个	1.90	3.42	4.18	5.70	7.22	9.50
	木脚手板	m³	0.197	0.396	0.451	0.506	0.727	0.970
	挡脚板	m³	0.040	0.077	0.096	0.116	0.163	0.217
	防滑木条	m³	0.003	0.005	0.007	0.010	0.013	0.017
	缆风绳	m	0.030	0.030	0.030	0.030	0.060	0.090
	钢丝绳	m	2.68	4.97	6.87	8.78	17.57	30.92
	镀锌铁丝 8 号	kg	6.71	12.34	16.46	21.48	28.96	39.19
	铁钉	kg	1.94	3.58	5.61	7.28	9.96	13.30
	防锈漆	kg	5.79	10.31	13.81	17.78	23.58	31.27
	油漆溶剂油	kg	0.66	1.18	1.57	2.02	2.68	3.56
机械	载重汽车 6t	台班	0.20	0.37	0.35	0.51	0.39	0.52

烟囱(水塔)脚手架(二)

计量单位:座

表 5-2-9

定额编号			3-52	3-53	3-54	3-55	3-56	3-57
项目		单位	烟囱直径8m以内高度在(m以内)					
			20	30	40	50	60	80
人工	综合工日	工日	49.27	92.59	145.62	194.33	256.82	445.25
材料	钢管 $\phi 48 \times 3.5$	kg	217.34	361.02	485.63	728.24	909.68	1569.15
	对接扣件	个	8.69	12.94	16.67	25.33	29.59	56.18
	底座	个	1.50	1.50	1.50	1.50	3.19	4.49
	直角扣件	个	26.48	44.41	60.37	90.66	118.18	221.59
	回转扣件	个	7.98	12.54	15.58	23.50	28.82	46.17
	木脚手板	m³	0.578	0.915	1.033	1.584	1.964	3.119
	挡脚板	m³	0.102	0.170	0.212	0.332	0.397	0.645
	防滑木条	m³	0.006	0.012	0.016	0.025	0.030	0.050
	缆风桩木	m³	0.030	0.060	0.090	0.141	0.176	0.271
	钢丝绳	m	5.72	15.66	28.64	53.91	78.40	141.47
	镀锌铁丝8号	kg	14.21	24.69	34.17	44.41	53.88	68.65
	铁钉	kg	4.95	8.89	12.48	16.07	19.66	25.39
	防锈漆	kg	16.89	28.06	37.74	56.59	70.69	121.94
	油漆溶剂油	kg	1.92	3.19	4.28	6.43	8.04	13.86
机械	载重汽车6t	台班	0.44	0.70	0.61	0.90	1.14	1.24

5.3 依附斜道

工作内容：平土、挖坑、安底座、选料、搭架子、斜道、平台、挡脚析、栏杆、钉防滑条、材料场内外运输、拆除等。

(1) 木斜道

见表 5-3-1。

木斜道　计量单位：座　表 5-3-1

定额编号		3-28	3-29	3-30
项　目	单位	木　斜　道		
		5m以内	15m以内	30m以内
人工　综合工日	工日	1.82	8.53	21.89
材料　木脚手杆10	m³	0.058	1.18	3.450
木脚手板	m³	0.030	0.328	0.833
防滑木条	m³	0.001	0.008	0.022
挡脚板	m³	—	0.105	0.297
镀锌铁丝8号	kg	30.25	140.72	281.44
铁钉	kg	1.75	4.92	9.83
机械　载重汽车6t	台班	0.12	0.73	1.56

(2) 竹斜道

见表 5-3-2。

竹斜道　计量单位：座　表 5-3-2

定额编号		3-31	3-32
项　目	单位	竹　斜　道	
		5m以内	15m以内
人工　综合工日	工日	2.13	8.02
材料　竹脚手杆75	根	2.63	20.72
竹脚手杆90	根	—	29.48
竹脚手板	m²	1.00	17.53
挡脚板	m³	—	0.040
竹篾	百根	2.20	23.04
铁钉	kg		8.64
机械　载重汽车6t	台班	0.05	0.33

(3) 钢管斜道

见表5-3-3、表5-3-4。

钢管斜道（一） 计量单位：座

表5-3-3

定额编号		3-33	3-34	3-35	3-36
项　目	单位	钢　管　斜　道			
		5m以内	15m以内	24m以内	30m以内
人工 综合工日	工日	2.46	10.45	18.77	21.74
材料 钢管 φ48×3.5	kg	7.60	131.75	264.45	378.36
直角扣件	个	1.36	19.33	35.91	50.60
对接扣件	个	0.06	2.95	6.76	8.17
回转扣件	个	0.25	9.03	20.45	30.78
底座	个	0.11	0.57	0.81	0.93
木脚手板	m³	0.050	0.456	0.888	1.265
挡脚板	m³	—	0.105	0.204	0.298
防滑木条	m³	0.002	0.014	0.026	0.039
镀锌铁丝8号	kg	14.48	52.47	87.50	110.56
铁钉	kg	0.88	8.03	13.38	16.91
防锈漆	kg	0.66	11.37	22.85	32.68
油漆溶剂油	kg	0.07	1.29	2.60	3.71
垫木60×60×60	块	0.34	3.09	6.00	8.23
机械 载重汽车6t	台班	0.09	0.38	0.57	0.81

钢管斜道（二） 计量单位：座

表 5-3-4

定额编号		3-37	3-38	3-39	3-40
项目	单位	钢管斜道			
		50m以内	70m以内	90m以内	110m以内
人工 综合工日	工日	40.94	89.60	122.18	167.76
材料 钢管 $\phi 48 \times 3.5$	kg	851.31	2948.72	4706.90	7531.05
直角扣件	个	113.86	419.90	670.26	1072.42
对接扣件	个	18.38	71.09	113.48	181.51
回转扣件	个	69.26	261.25	417.02	667.23
底座	个	1.39	2.96	3.69	4.72
木脚手板	m³	2.847	10.200	16.280	26.050
挡脚板	m³	0.672	1.670	2.670	4.272
防滑木条	m³	0.088	0.270	0.430	0.688
镀锌铁丝8号	kg	165.84	319.01	407.37	510.43
铁钉	kg	25.37	50.73	64.79	81.18
防锈漆	kg	73.49	254.57	406.45	650.32
油漆溶剂油	kg	8.35	28.93	46.20	73.91
垫木 60×60×60	块	18.51	128.57	205.23	328.37
机械 载重汽车6t	台班	0.70	2.56	3.26	3.82

5.4 安全网

工作内容：支撑、挂网、翻网绳、阴阳角挂绳、拆除等。见表 5-4-1。

安全网 计量单位：100m² 表5-4-1

定额编号		3-41	3-42	3-43	3-44	3-45
项目	单位	立挂式	挑出式			建筑物垂直封闭
			钢管挑出	木杆挑出	竹竿挑出	
人工 综合工日	工日	0.20	1.69	1.54	2.04	2.13
材料 安全网	m²	32.08	32.08	32.08	32.08	—
竹席	m²	—	—	—	—	105.00
钢管 φ48×3.5	kg	—	23.52	—	—	—
木脚手板	m³	—	—	0.146	—	—
竹脚手杆75	根	—	—	—	44.58	—
镀锌铁丝8号	kg	9.69	22.95	22.95	22.95	9.69
防锈漆	kg	—	2.04	—	—	—
油漆溶剂油	kg	—	0.23	—	—	—
机械 载重汽车6t	台班	—	0.04	0.04	0.19	—

5.5 电梯井字架

工作内容：平土、安装底座、搭设、拆除脚手架等。见表5-5-1、表5-5-2。

电梯井字架（一） 计量单位：座

表5-5-1

定额编号		3-58	3-59	3-60	3-61
项目	单位	搭设高度在(m以内)			
		20	30	40	50
人工 综合工日	工日	12.44	19.14	28.17	41.31
材料 钢管 φ48×3.5	kg	36.26	81.61	157.87	210.88
对接扣件	个	0.38	1.01	2.28	2.66
底座	个	0.19	0.25	0.38	0.38
直角扣件	个	3.14	5.32	16.15	20.52
回转扣件	个	1.52	3.55	6.84	9.12
木脚手板	m³	0.038	0.076	0.115	0.153
垫木60×60×60	块	4.11	9.60	18.51	24.69
防锈漆	kg	2.82	6.34	12.76	16.39
油漆溶剂油	kg	0.32	0.72	1.45	1.86
机械 载重汽车6t	台班	0.06	0.14	0.17	0.14

电梯井字架（二） 计量单位：座　**表 5-5-2**

定额编号		3-62	3-63	3-64
项　目	单位	搭设高度在(m以内)		
		60	80	100
人工　综合工日	工日	56.15	91.12	150.40
材料　钢管 φ48×3.5	kg	388.30	522.22	919.58
对接扣件	个	5.13	9.12	15.96
底座	个	1.14	1.14	1.52
直角扣件	个	40.47	53.01	107.92
回转扣件	个	15.96	20.52	36.48
木脚手板	m³	0.287	0.344	0.612
垫木 60×60×60	块	43.20	58.63	98.74
防锈漆	kg	30.18	33.88	71.45
油漆溶剂油	kg	3.43	4.61	8.12
机械　载重汽车 6t	台班	0.23	0.26	0.37

5.6 架空运输道

工作内容：平土、安装底座、脚手架搭设、拆除等。见表 5-6-1。

架空运输道 计量单位：10m　**表 5-6-1**

定额编号		3-65	3-66	3-67
项　目	单位	架子高度在(3m以内)		
		木制	竹制	钢管制
人工　综合工日	工日	2.48	2.91	2.70
材料　木脚手杆 10	m³	0.180	—	—
木脚手板	m³	0.130	—	0.134
竹脚手杆 90	根	—	2.99	—
竹脚手杆 75	根	—	10.48	—
竹脚手板	m²	—	20.200	—
钢管 φ48×3.5	kg	—	—	22.06
对接扣件	个	—	—	1.90
底座	个	—	—	0.57
直角扣件	个	—	—	3.42
回转扣件	个	—	—	1.52
竹篾	百根	—	80.00	—
镀锌铁丝 8号	kg	4.35	—	—
防锈漆	kg	—	—	1.71
油漆溶剂油	kg	—	—	0.20
机械　载重汽车 6t	台班	0.15	0.17	0.10

参 考 文 献

[1] 本书编写组. 建筑施工手册（第四版）缩印本. 北京：中国建筑工业出版社，2003
[2] 本书编委会. 现行建筑施工规范大全修订缩印本. 北京：中国建筑工业出版社，2002
[3] 施岚青等. 新型脚手架子模板支撑架. 北京：中国建筑工业出版社，1997
[4] 北京市地方性标准. 建筑安装分项工程施工工艺规程. DBJ/T 01—26—2003
[5] 本书编委会. 建设工程施工安全技术操作规程. 北京：中国建筑工业出版社，2004
[6] 北京市建设委员会. 建筑企业管理人员岗位培训教材（安全员）. 2004